浙江省鲜食大豆
栽培技术及品种介绍

雷 俊 袁凤杰 郁晓敏 —— 主编

中国农业出版社
北 京

主　　编：雷　俊（衢州市农业林业科学研究院）
袁凤杰（浙江省农业科学院）
郁晓敏（浙江省农业科学院）
副 主 编：邵晓伟（衢州市农业林业科学研究院）
傅旭军（浙江省农业科学院）
许竹溦（衢州市农业林业科学研究院）
金国明（衢州市柯城区农业农村局）
孙聚涛（河南农业大学）
参编人员：陈润兴（衢州市农业林业科学研究院）
李　韵（衢州市农业林业科学研究院）
姜　欢（衢州市农业林业科学研究院）
石子建（衢州市农业林业科学研究院）
余文慧（衢州市农业林业科学研究院）
沈文英（玉环市农业农村和水利局）
周小燕（衢州市农业林业科学研究院）
汪寿根（衢州市农业林业科学研究院）
方　舟（衢州市农业林业科学研究院）

PREFACE ·前言·

鲜食大豆又称毛豆、菜用大豆，是指在鼓粒末期豆粒饱满，而豆荚和籽粒均呈翠绿色时采摘食用的未完全成熟大豆。因其富含蛋白质、多种游离氨基酸和维生素，并含有钙、铁、磷等多种矿物质，口感甜香柔糯，深受广大消费者青睐。

浙江省种植和食用鲜食大豆历史悠久，可追溯到宋代。因鲜食大豆具有产量高、生育期短的特点，种植效益高，自20世纪90年代开始，鲜食大豆逐步发展成浙江省特色农业产业之一，在促进农民增收方面发挥了较大的作用。近年来，浙江省鲜食大豆种植面积维持在100万亩左右。

2000年前后，浙江省开始开展鲜食大豆品种选育工作，早期主要为引进新品种。后期随着选育工作的加强，浙江省鲜食大豆育种进展迅速，逐步形成了以浙鲜系列、衢鲜系列和浙农系列为主导的品种分布格局，育成了可以满足全年不同播期的鲜食大豆品种，并取代了地方品种和部分引进品种，为鲜食大豆生产的高质量发展作出了较大贡献。

在品种选育取得进展的同时，栽培技术研究也取得不错的进展，形成了浙江特色，集成了鲜食大豆促早栽培技术、鲜食大豆绿色优质高产栽培技术、鲜食大豆带状复合种植技术、鲜食大豆全程机械化种植技术和鲜食大豆秋延后种植技术等高产高效栽培技术。

本书较为系统地阐述了浙江省鲜食大豆的生产概况与发展趋势，总结了近年来鲜食大豆的高产高效栽培技术，详细地介绍了浙江省鲜食大豆常见病虫草害防治方法和浙江省历年育成及引进的鲜食大豆品种，以期为浙江省从事鲜食大豆推广和生产的人员提供参考和技术支撑，促进鲜食大豆健康发展。

由于编者业务水平有限，加之时间仓促，难免有疏漏之处，恳请读者批评指正。

编者

2023年6月

CONTENTS

目录

第一章　浙江省鲜食大豆生产概况与发展趋势

鲜食大豆又称毛豆、菜用大豆，指在鼓粒末期豆粒饱满，而豆荚和籽粒均呈翠绿时采摘食用的未完全成熟大豆。因其富含蛋白质、多种游离氨基酸和维生素，含有钙、铁、磷等多种矿物质，且口感甜香柔糯，近20年来，全世界尤其是东亚地区的需求量不断增加。鲜食大豆的种植效益一般比普通大豆高2倍以上，随着高效农业的不断发展和种植业结构的深入调整，鲜食大豆种植面积不断扩大，生产得到迅速发展。目前我国已成为世界上最大的鲜食大豆生产国和出口国，浙江省等沿海省份发展成我国鲜食大豆生产和加工出口的重要基地。

浙江省种植、采摘和食用鲜食大豆的历史可追溯到宋代，据史料记载，宋代（12世纪）人们开始采摘青豆荚作为蔬菜食用，南宋大诗人陆游在诗中多次描述采收大豆荚及食用青豆荚，"市桥压担莼丝滑，村店堆盘豆荚肥"，就是对浙江绍兴一带人们食用毛豆豆荚的生动描述。20世纪90年代以来，随着人们生活水平的提高，对农产品品质、外观和风味的要求也越来越高，国内市场对优质鲜食大豆产品的需求迫切。而此时，台湾地区部分鲜食大豆加工企业受当地劳动力成本提高的影响，开始把福建、浙江等地作为鲜食大豆的生产基地，带动了福建、浙江等沿海地区的优质鲜食大豆的规模化生产，进而在这些地区形成了一批鲜食大豆加工出口企业。这些企业以生产加工优质鲜食大豆为主，产品主要用于出口，对鲜食大豆的品质和商品性要求较高。此外，浙江省农业产业结构的调整，也为鲜食大豆生产的发展带来了契机。鲜食大豆具有产量高、生育期短的特点，农民种植鲜食大豆效益显著，因此，从20世纪90年代开始，鲜食大豆逐步发展成浙江省特色农业产业之一，在促进农民增收和产业结构调整方面发挥了较大的作用。

一、浙江省鲜食大豆的播种面积

浙江省大豆播种面积年份差异较大，年播种面积总体维持在100万亩*以

* 亩为非法定计量单位，1亩≈667m²。——编者注

上，分为春播和秋播两季。2008—2011 年，全省播种面积超过 200 万亩，2015 年以来维持在 120 万亩左右（图 1-1），其中以鲜食大豆为主，播种面积占大豆播种总面积的 80%以上。

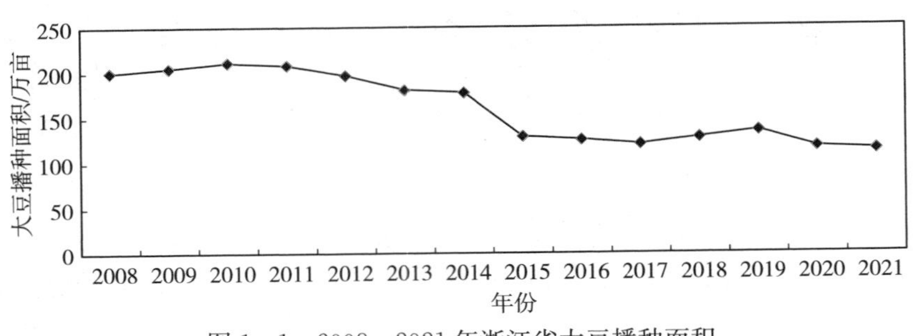

图 1-1　2008—2021 年浙江省大豆播种面积

二、浙江省鲜食大豆品种的发展及改良

从 2000 年开始，浙江省鲜食大豆产业逐步脱离农户自产自销、自给自足的生产模式，走向规模化的生产模式，因此，对优良品种的需求变得极为迫切。鲜食大豆的品种改良和相关研究几乎与鲜食大豆产业的发展同步，开始主要以台湾省的亚蔬-世界蔬菜中心、东北地区以及日本的大粒豆为生产应用品种，如台湾 75、AGS292 等，2000 年前后，台湾 75 占据浙江省鲜食大豆品种的主导位置，是出口加工的主要品种，后该品种因对大豆病毒病抗性较弱而逐步退出生产。与此同时，浙江省各育种单位以一批引进的鲜食大豆优良材料为亲本，结合当地大粒优质地方品种，逐渐加强鲜食大豆品种的选育工作，选育出一批高产、优质、抗性好且生态类型不同的鲜食大豆品种应用于生产。据统计，经过多年的品种改良和引进，2000—2022 年，在浙江省审定的鲜食大豆品种有 42 个，引进认定和登记的品种有 28 个（表 1-1），形成了以浙鲜系列、衢鲜系列和浙农系列为主导的品种分布格局，逐步取代了地方品种，为鲜食大豆生产的高质量发展作出了贡献。

表 1-1　2000—2022 年在浙江省审（认）定的品种

审（认）定年份	品种名称［审（认）定编号/引种公告编号］	选育（引进）主体
2022	浙农 16 号（浙审豆 2022001）	浙江省农业科学院蔬菜研究所、浙江勿忘农种业股份有限公司
	浙农 17 号（浙审豆 2022002）	浙江省农业科学院蔬菜研究所、浙江勿忘农种业股份有限公司

（续）

审（认）定年份	品种名称［审（认）定编号/引种公告编号］	选育（引进）主体
2022	衢鲜 11 号（浙审豆 2022003）	衢州市农业林业科学研究院、南京农业大学
	开科源 2 号（浙引种〔2022〕第 001 号）	辽宁开原市农科种苗有限公司
	开科源 5 号（浙引种〔2022〕第 001 号）	辽宁开原市农科种苗有限公司
	开科源 8 号（浙引种〔2022〕第 001 号）	辽宁开原市农科种苗有限公司
	开科源 K29（浙引种〔2022〕第 001 号）	辽宁开原市农科种苗有限公司
	绿秋 88（浙引种〔2022〕第 001 号）	辽宁开原市农科种苗有限公司
	绿珍珠（浙引种〔2022〕第 001 号）	辽宁开原市农科种苗有限公司
	南农 416（浙引种〔2022〕第 002 号）	南京农业大学
	开科源 64（浙引种〔2022〕第 002 号）	辽宁开原市农科种苗有限公司
	舒记 301（浙引种〔2022〕第 002 号）	辽宁开原市农科种苗有限公司、武汉皇经堂种苗有限公司
	苏成 4 号（浙引种〔2022〕第 002 号）	江苏省农业科学院经济作物研究所
2021	浙农 15 号（浙审豆 2021001）	浙江省农业科学院蔬菜研究所、浙江勿忘农种业股份有限公司
	浙农秋丰 3 号（浙审豆 2021002）	浙江省农业科学院蔬菜研究所
2020	浙农 11 号（浙审豆 2020001）	浙江省农业科学院蔬菜研究所、浙江勿忘农种业股份有限公司
	浙农秋丰 2 号（浙审豆 2020002）	浙江省农业科学院蔬菜研究所
	浙鲜 86（浙审豆 2020003）	杭州种业集团有限公司、浙江省农业科学院作物与核技术利用研究所
	浙农秋丰 4 号（浙审豆 2020004）	浙江省农业科学院蔬菜研究所
2019	浙鲜 19（浙审豆 2019001）	浙江省农业科学院作物与核技术利用研究所
	浙鲜 18（浙审豆 2019002）	浙江省农业科学院作物与核技术利用研究所
	衢鲜 8 号（浙审豆 2019003）	衢州市农业科学研究院
	沈鲜 3 号（浙引种〔2019〕第 002 号）	沈阳市先锋大豆种子有限公司
2018	浙鲜 16（浙审豆 2018001）	浙江省农业科学院作物与核技术利用研究所
	浙鲜 84（浙审豆 2018002）	浙江省农业科学院作物与核技术利用研究所
	新 3 号（浙引种〔2018〕第 001 号）	辽宁开原市农科种苗有限公司
	辽宝一号（浙引种〔2018〕第 001 号）	沈阳市先锋大豆种子有限公司
	淮鲜豆 6 号（浙引种〔2018〕第 001 号）	江苏徐淮地区淮阴农业科学研究所
2017	衢春豆 1 号（浙审豆 2017001）	衢州市农业科学研究院

（续）

审（认）定年份	品种名称［审（认）定编号/引种公告编号］	选育（引进）主体
2017	浙鲜 12（浙审豆 2017002）	浙江省农业科学院作物与核技术利用研究所
	浙鲜 85（浙审豆 2017003）	浙江省农业科学院作物与核技术利用研究所
	衢鲜 9 号（浙审豆 2017004）	衢州市农业科学研究院、浙江龙游县五谷香种业有限公司
	开科源 3 号（浙引种〔2017〕第 002 号）	辽宁开原市农科种苗有限公司
	开科源特早（浙引种〔2017〕第 002 号）	辽宁开原市农科种苗有限公司
	绿领 1 号（浙引种〔2017〕第 002 号）	南京绿领种业有限公司
	绿领八号（浙引种〔2017〕第 002 号）	南京绿领种业有限公司
	绿领九号（浙引种〔2017〕第 002 号）	南京绿领种业有限公司
2015	浙鲜 9 号（浙审豆 2015001）	浙江省农业科学院作物与核技术利用研究所
	衢鲜 6 号（浙审豆 2015002）	衢州市农业科学研究院、浙江龙游县五谷香种业有限公司
	沪宁 95－1（浙种引〔2015〕第 002 号）	浙江勿忘农种业股份有限公司
2014	奎鲜 2 号（浙审豆 2014001）	铁岭市维奎大豆科学研究所、浙江省农业科学院蔬菜研究所
	浙农 3 号（浙审豆 2014002）	浙江省农业科学院蔬菜研究所
2012	浙鲜豆 8 号（浙审豆 2012001）	浙江省农业科学院作物与核技术利用研究所
2011	浙鲜豆 7 号（浙审豆 2011001）	浙江省农业科学院作物与核技术利用研究所
	萧农秋艳（浙审豆 2011002）	浙江勿忘农种业股份有限公司、杭州市萧山区农业技术推广中心
	衢鲜 5 号（浙审豆 2011003）	衢州市农业科学研究所
	青酥 5 号（浙种引〔2011〕第 001 号）	浙江勿忘农种业股份有限公司
2010	通豆 6 号（浙种引〔2010〕第 006 号）	杭州市良种引进公司
2009	浙农 6 号（浙审豆 2009001）	浙江省农业科学院蔬菜研究所
	浙农 8 号（浙审豆 2009002）	浙江省农业科学院蔬菜研究所
	浙鲜豆 6 号（浙审豆 2009003）	浙江省农业科学院作物与核技术利用研究所
2008	浙鲜豆 5 号（浙审豆 2008001）	浙江省农业科学院作物与核技术利用研究所
	太湖春早（浙审豆 2008002）	湖州市农业科学研究院、浙江省农业科学院作物与核技术利用研究所
	青酥 4 号（浙种引〔2008〕第 005 号）	浙江勿忘农种业股份有限公司
	辽鲜 1 号（浙种引〔2008〕第 007 号）	辽宁省农业科学院作物研究所

（续）

审（认）定年份	品种名称［审（认）定编号/引种公告编号］	选育（引进）主体
2007	衢鲜 2 号（浙审豆 2007001）	衢州市农业科学研究所
2006	浙鲜豆 3 号（浙审豆 2006001）	浙江省农业科学院作物与核技术利用研究所
2004	衢鲜 1 号（浙审豆 2004002）	衢州市农业科学研究所
	萧农越秀（浙审豆 2004003）	杭州市萧山区农业技术推广中心
	浙鲜豆 1 号（浙审豆 2004004）	浙江省农业科学院作物与核技术利用研究所
	青酥 2 号（浙种引〔2004〕第 014 号）	浙江勿忘农种业股份有限公司
2002	交选 2 号（浙种引〔2002〕第 008 号）	嘉兴市经济作物工作站
2001	引豆 9701（浙品审字第 341 号）	浙江省农业厅农作物管理局
	早生 75（浙品审字第 342 号）	竺庆如、宁波市种子公司
	黑香毛豆（浙品审字第 343 号）	竺庆如、宁波市种子公司
	新选 88（浙品审字第 344 号）	竺庆如、宁波市种子公司
	春风早（浙品审字第 345 号）	浙江省农业新品种引进开发中心
	夏丰 2008（浙品审字第 346 号）	浙江省农业科学院蔬菜研究所
2000	台湾 75（浙品认字第 271 号）	慈溪市蔬菜开发有限公司
	萧垦 8901（浙品认字第 270 号）	萧山市棉麻场

随着鲜食大豆品种改良和栽培技术的进步，鲜食大豆的产量、品质和抗性不断提高，其中以产量性状最为突出，鲜荚产量与地方品种相比得到显著提高，“十三五”以来，浙江省鲜食大豆鲜荚平均亩产在 650kg 以上，部分高产田可达 800kg 以上。2014 年，浙江省鲜食春大豆最高亩产纪录与百亩方亩产纪录分别为 873.19kg 和 839.98kg。2016 年，再创鲜食秋大豆最高亩产纪录与百亩方亩产纪录，分别为 762.38kg 和 759.80kg。2021 年，再次刷新鲜食春大豆与鲜食秋大豆的高产纪录，其中，鲜食春大豆最高亩产纪录为1 178.71kg，百亩方亩产最高纪录为 1 112.24kg；鲜食秋大豆最高亩产纪录为1 140.32kg，百亩方亩产最高纪录为 1 057.49kg。鲜食春大豆最高亩产纪录与百亩方亩产纪录较 2014 年分别提高了 35.0%与 32.4%，鲜食秋大豆最高亩产纪录与百亩方亩产纪录较 2016 年分别提高了 49.6%与 39.2%（表 1-2）。

表 1-2 浙江省鲜食大豆“高产之最”

年份	鲜食春大豆最高亩产/kg	鲜食春大豆百亩方亩产/kg	鲜食秋大豆最高亩产/kg	鲜食秋大豆百亩方亩产/kg
2014		浙鲜豆 8 号 839.98		

（续）

年份	鲜食春大豆 最高亩产/kg	鲜食春大豆 百亩方亩产/kg	鲜食秋大豆 最高亩产/kg	鲜食秋大豆 百亩方亩产/kg
2016			萧农秋艳 762.38	萧农秋艳 759.80
2017	浙农6号 925.06	浙鲜9号 844.18		
2018	浙鲜9号 1 050.00	浙农6号 991.26		
2020	浙鲜9号 1 089.00	浙鲜9号 1 069.60	浙鲜86 1 001.84	浙鲜86 945.98
2021	浙农6号 1 178.71	浙农6号 1 112.24	萧农秋艳 1 140.32	萧农秋艳 1 057.49
2022			浙鲜86 1 169.53	浙鲜86 1 096.69

资料来源：浙江农业之最委员会。

从浙江省鲜食大豆品质性状的演变来看，在品种改良的早期，鲜百粒重呈现缓慢上升的趋势，但近年来受市场对品种早熟性以及鼓粒饱满等性状要求的影响，一些品种的鲜百粒重略有下降，目前大粒品种的鲜百粒重在80g以上，早熟品种的鲜百粒重在70g以上。淀粉和可溶性糖含量是影响鲜食大豆口感的重要因子，鲜食大豆品种的淀粉含量保持在4%左右，可溶性糖含量保持在2%～3%。巴斯马蒂香米（basmati flavor）香味对鲜食大豆品质起着重要作用，无豆腥味是鲜食大豆品质改良的目标之一。口感一直是评判鲜食大豆品质优劣的重要指标，以香甜软糯为宜。鲜食大豆豆荚大部分为弯镰形，要求以二、三粒荚为主，荚宽1.3～1.5cm，荚长5.0～6.0cm，外观饱满翠绿且不易变黄，豆粒圆形，具豆衣，以绿色种皮为主。

大豆花叶病毒病是鲜食大豆早期生产中危害最严重的病害，浙江省主要流行株系为SC15和SC18，随着审定推广品种抗性的提高，该病害的危害程度近年来有所下降。大豆炭疽病是影响大豆鲜荚品质和产量的重要病害，由于缺乏有效的抗性资源，目前来看，审定推广的大多数品种对该病没有抗性。高温高湿是大豆炭疽病的主要诱因，因此，加强田间管理、改善通风透光、降低田间湿度可以降低该病的发生率，同时应加强对大豆炭疽病抗性资源的筛选、鉴定和研究工作。此外，大豆根腐病、大豆锈病、大豆细菌性斑点病以及各种虫害也是影响鲜食大豆产量和品质的重要因素。

三、浙江省鲜食大豆的区域性分布特点

从浙江省鲜食大豆区域生产特点来看，杭嘉湖平原地区主要生产优质、高产、适宜加工出口的鲜食春大豆，品种以浙鲜9号、75－3、浙农6号和高雄9号为主，得益于浙江省土地的高效流转，该地区鲜食大豆的生产已初步实现规模化和机械化，产品效益稳定在2 500元/亩左右，以中小型家庭农场生产为主。丽水、金华、台州等地主要生产早熟、优质的鲜食大豆，供应当地市场，品种以浙鲜12、沪宁95－1为主，采用农户自产和家庭农场规模化生产相结合的生产模式，因其上市较早，价格高，效益较好，亩产值在3 500元以上。衢州地区以生产耐迟播、优质、高产的鲜食秋大豆为主，主要供应当地和周边市场，采用农户自产和家庭农场规模化生产相结合的生产模式，因其秋季延迟上市，效益较好，亩产值在3 000元以上，品种为衢鲜5号、浙鲜85等。其他地区的种植模式和种植品种呈现多元化特征，如海拔较高的景宁畲族自治县，种植品种和种植模式完全不同于平原地区。

四、浙江省鲜食大豆主要的栽培模式

在栽培模式上，形成了鲜食大豆促早栽培技术、鲜食大豆绿色优质高产栽培技术、鲜食大豆带状复合种植技术、鲜食大豆全程机械化种植技术和鲜食大豆秋延后种植技术。以宁波、嘉兴地区为代表的鲜食大豆绿色优质高产栽培技术和鲜食大豆全程机械化种植技术，播种时间为3月下旬到4月上旬，以生产高产、优质的鲜食大豆为目标，生产特点为机械化和规模化，产品由加工企业收购，以中小型家庭农场的订单农业为主，选择高产、优质、适宜机械化采收的鲜食大豆品种。以衢州地区为代表的鲜食大豆秋延后种植技术，适播期为立秋以后至8月20日，最迟不超过8月25日，其目的为延长鲜食大豆产品供应期，进而提高产值，实现产品的均衡供应，满足市场需求，该模式适宜种植后期鼓粒快、生育期较短的耐迟播鲜食秋大豆品种。以金华、丽水地区为代表的鲜食大豆促早栽培技术，这些地区春季回暖早，特有的小气候很适合采用双棚（大棚套小拱棚，或大棚结合地膜）、小拱棚结合地膜对鲜食春大豆进行促早栽培，该模式的优点为大豆生产成本较低、生长周期短，可比周边县市提早上市10～15d，且价格优势明显，农民收益好，应选择早熟、耐寒性强、较耐阴的鲜食大豆品种。此外，与幼林果园以及与其他作物和中药材的间套作也是浙江省鲜食大豆特色栽培模式，目前有鲜食大豆—鲜食玉米间套作、鲜食大豆—甘蔗间套作、鲜食大豆—香芋间套作、鲜食大豆—中药材间套作、鲜食大豆—棉花间套作，以及在葡萄、梨、桃、无花果、枇杷等幼林果园的套作，根据不同果园的生产特点，既可在3月套种鲜食春大豆，也可在7月下旬8月初套种鲜食秋大豆。间套作模式有利于提高鲜食大豆总体产量，提高单位面积生产效益，在品种选择上，应选择耐荫性较好的鲜食大豆品种。

五、浙江省鲜食大豆出口加工情况

全国年出口鲜食大豆约5万t，其中浙江鲜食大豆出口量位居各省份之首，市场涉及日本、美国、欧盟、澳大利亚、东南亚等。浙江鲜食大豆加工企业坚持产品是企业的立足之本、生产之本和竞争之本，在生产中严守产品品质，严把原料质量关，维护浙江鲜食大豆优质品牌形象，坚持鲜食大豆加工行业高质量发展。目前浙江鲜食大豆加工企业有30～40家，形成了年出口2万～3万t的鲜食大豆产业群，其中约1万t销往美国，约0.6万t销往日本，约0.3万t销往欧盟，约0.2万t销往澳大利亚，少量销往其他市场。各家企业正逐步推进行业全程机械化，通过机器换人促进生产效率提高、产品质量提升，带动鲜食大豆加工行业高质量发展，避免为追求低成本而生产低质量产品，影响中国鲜食大豆的市场声誉。目前已形成一批以谷满仓、银河、绿容、大越等为代表的规模化生产龙头企业，并拟建立行业协会，对产前、产中、产后情况进行及时分析，总结市场行情，以促进鲜食大豆行业良性发展（表1-3）。

表1-3 浙江省主要速冻公司鲜食大豆生产情况

公司	市（县、区）	年生产量/t
余姚谷满仓食品有限公司	余姚	5 000
绍兴绿容食品有限公司	绍兴	5 000
浙江银河食品有限公司	萧山	4 000
慈溪迎隆食品有限公司	慈溪	4 000
大越（慈溪）食品工业有限公司	慈溪	3 000
金华天元食品有限公司	金华	2 500
浙江万好食品有限公司	海盐	2 500
宁波海通食品科技有限公司	慈溪	2 000
海通食品集团余姚有限公司	余姚	2 000
慈溪市蔬菜开发有限公司	慈溪	2 000
慈溪永进冷冻食品有限公司	慈溪	1 500
宁波市圆蓝食品科技有限公司	奉化	1 000
浙江九然服饰有限公司	钱塘	1 000

（续）

公司	市（县、区）	年生产量/t
慈溪市三星农业开发有限公司	慈溪	500
浙江新迪嘉禾食品有限公司	临平	500
浙江艾佳食品有限公司	常山	500

六、浙江省鲜食大豆发展中存在的主要问题

鲜食大豆是南方大豆生产的主要产业之一，目前种植面积大，采收集中，劳动力短缺的问题突出。据调查，浙江省鲜食大豆劳动力采摘成本已占到销售价格的1/3以上，而且还存在劳动力年龄大、劳动力难以雇请的问题，极大地限制了鲜食大豆生产的发展。杭嘉湖平原等地区大面积种植的鲜食大豆已部分实现机械采收，但鲜荚破损率较高，产量损失较大，除以速冻加工为主的鲜食大豆产品外，供应当地和周边市场的鲜食大豆极易因机械采收受损，导致豆荚霉烂，降低产品品质，缩短贮存期，因此，进一步改良、培育宜机化品种，提高机械的采收性能，仍是急需解决的问题。浙江省山区鲜食大豆的采摘以人工为主，高昂的采收成本和劳动力的紧缺已成为制约浙江省鲜食大豆产业发展的“卡脖子”问题。

鲜食大豆品种较多，但专用品种较少，功能性营养型品种少，品种同质化严重，遗传基础狭窄。近年来，极端气候频发，阶段性的干旱、高温和洪涝对品种的抗（耐）性提出了较高的要求。此外，为保障粮食生产，部分复耕新垦土地已逐渐用于大豆等粮食生产，对大豆的耐瘠薄、耐酸铝性也提出了要求。因此，提高大豆品种的抗（耐）性是鲜食大豆品种选育的下一个重要目标。

第二章　大豆栽培的生物学基础

一、大豆的器官

大豆是豆科植物，一年生，株高30～150cm，鲜豆荚比较大，一般鲜荚长度大于5.5cm，宽度大于1.2cm，1kg鲜豆荚一般不超过350个，鲜百粒重高于65g，干籽粒百粒重一般大于28g。鲜食大豆茸毛一般为灰色，豆荚壳较薄，出仁率高，豆仁香甜柔糯，食味品质好。

1. 根

大豆根为直根系，由主根、侧根、根毛组成。主根较粗，由胚根发育而成，垂直向下生长。侧根是主根产生的分枝，在发芽后3～7d出现，初期呈横向生长，以后向下生长。幼嫩的根部有密生的根毛，是根系吸收水分、养分的主要部位。根毛是幼根表皮细胞外壁向外凸起形成的毛状体。根毛寿命短暂，大约几天更新1次。根毛密生使根具有巨大的吸收表面（1株约$100m^2$）。

在耕层深厚的土壤条件下，大豆根系发达，根量的80%集中在5～20cm土层，主根在地表下10cm以内比较粗壮，愈向下愈细，入土深度可达60～80cm，横向扩展35～45cm。苗期根系生长比地上部分快；分枝期到开花期，根的生长最旺盛；开花期到豆荚伸长期，根量达到最大。大豆在苗期需要适当控水蹲苗，促进根系向下生长，增强后期抗倒伏能力。

在大豆根系的生长过程中，土壤中的根瘤菌在根系分泌物的诱导下沿根毛表皮细胞侵入并形成根瘤。据研究，幼苗第1对真叶展开时就有根瘤形成，2周以后开始固氮。根瘤菌在大豆生长早期固氮较少，自大豆开花后固氮量迅速增长，大豆开花至籽粒形成阶段固氮最多，约占总固氮量的80%，在大豆接近成熟时固氮量下降。大豆植株与根瘤菌之间是共生关系，大豆供给根瘤菌糖类，根瘤菌供给寄主氨基酸。据估计，大豆光合产物的12%左右被根瘤菌消耗，根瘤固定的氮有25%被自己消耗，75%供大豆生长。一般认为根瘤菌固定的氮可供大豆一生需氮量的2/3，说明大豆单靠根瘤菌固氮不能满足需要，还需从土壤中吸收氮素，但土壤氮素水平超过30mg/kg会显著抑制根瘤发育。研究表明，不同根瘤菌固氮效率差异很大，不同鲜食大豆品种对根瘤菌有选择

性，应用根瘤菌制剂时应注意品种和菌株的亲和性。

2. 茎

大豆的茎包括主茎和分枝。茎由种子中的胚轴和胚芽发育而来。大豆幼茎见光后有绿色和紫色两种颜色，绿茎开白花，紫茎开紫花。茎上着生茸毛，茸毛灰色或棕色，茸毛的多少和长短因品种而不同。

根据主茎生长的形态，可将大豆分为蔓生、半直立和直立3种类型，鲜食大豆属直立型，主茎高度一般在30～100cm。由于播种时间不一致，受生育期长短变化的影响，矮的只有20cm，高的可达150cm。茎粗变化较大，直径在6～15mm。主茎一般有7～20节，有的品种可达30节，有的品种仅有5～6节。一般鲜食春大豆品种植株较矮小，主茎节较少，鲜食夏秋大豆品种植株较高大，主茎节较多；早熟品种生育期短，植株较矮，主茎节较少；晚熟品种生育期长，植株较高，主茎节较多。有限结荚习性品种植株较矮，无限结荚习性品种植株较高大。

根据分枝的多少，可将大豆分为主茎型、中间型和分枝型。主茎型品种分枝少于3个，以主茎结荚为主，种植时应适当增加密度，提高单位面积株数以达到增产效果；中间型品种分枝一般在3～4个，豆荚在主茎和分枝上分布比较均匀，鲜食大豆多为此类品种；分枝型品种分枝能力强，一般可达5个以上，有的还有二次、三次分枝，一般分枝结荚数多于主茎，这类品种要适当稀植。

根据分枝与主茎夹角大小，可将大豆分为开张型、收敛型和中间型。主茎与分枝夹角大于45°，植株上下松散，为开张型；主茎与分枝夹角大于15°，植株上下紧凑，为收敛型；主茎与分枝夹角大于30°，为中间型。育种和生产上多选择收敛型品种，收敛型品种植株紧凑，通风透光性好，病虫害防治容易，管理方便，易实现高产。

3. 叶

大豆叶有子叶、单叶和复叶之分。植株子叶节位置对生1对子叶，子叶节上1节对生1对真叶，其余各节着生复叶，呈互生状。复叶由托叶、叶柄和小叶3部分组成。托叶1对，小而狭，位于叶柄和茎相连处两侧，有保护腋芽的作用。一般复叶有3片小叶，部分品种有4～5片小叶，如生长发育过程中遇到逆境，也会有部分节位小叶数大于3片。大豆植株不同节位上的叶柄长度不一，复叶交错排列，有利于提高光能利用率。大豆小叶的形状、大小因品种而异。叶形可分为披针形、卵圆形、椭圆形和圆形。叶片寿命30～70d不等，下部叶寿命较短，中部叶寿命较长。

子叶在出土后，经太阳光照射后出现叶绿素，呈绿色，可以进行光合作用。出苗后10～15d，子叶贮藏的营养物质和自身的光合产物对幼苗的生长很重要。子叶展开后约3d，随着上胚轴伸长，第2节上先出现2片单叶，第3节上出现1片复叶，一般为3片小叶。大豆植株3～4d出现1片复叶，所需积温77℃。通常当第n叶开始生长，第（n－1）叶正值生长高峰，第（n－2）叶的生长速率逐渐减缓，第（n－3）叶已停止或将停止生长。

4. 花

大豆的花序着生在叶腋间或茎顶端，为总状花序，是典型的蝶形花，由苞片、花萼、花冠、雄蕊和雌蕊构成。苞片有2片，很小，呈管形。苞片上有茸毛，起保护花芽的作用。花萼位于苞片的上方，下部联合呈杯状，上部开裂为5片，色绿，着生茸毛。花冠为蝴蝶形，位于花萼内部，由5片花瓣组成。5片花瓣中，上面1片大的叫旗瓣，旗瓣两侧有2片形状和大小相同的翼瓣，最下面的两瓣基部相连、弯曲，形似小舟，叫龙骨瓣。花冠的颜色分白色、紫色2种。雄蕊共10枚，其中9枚的花丝连成管状，1枚分离，花药着生在花丝的顶端，开花时，花丝伸长向前弯曲，花药裂开，花粉散出。1朵花的花粉约有5 000粒。雌蕊包括柱头、花柱和子房3部分。柱头为球形，在花柱顶端，花柱下方为子房，内含胚珠1～4个，个别的有5个，以2～3个居多。

按照花轴长短，可将花序分为长轴型、中轴型和短轴型。长轴型花序轴长10cm以上，每轴着生10～40朵花；中轴型花序轴长3～10cm，每轴着生8～10朵花；短轴型花序轴长3cm以下，每轴着生3～8朵花。

依据开花顺序，可将大豆分为有限结荚习性、亚有限结荚习性和无限结荚习性品种，鲜食大豆多为有限结荚习性品种。有限结荚习性品种的开花顺序为由内向外，主茎中上部各节先开花，然后向下部和分枝末梢逐渐扩展，下部常产生不正常的小型花，成荚率较低。亚有限结荚习性品种植株较高大，先由主茎基部各节开花，然后由内向外、循序向上部扩展，通常下部结荚，顶部开花，主茎结荚较多，最上部的成荚率低。

大豆是严格的自花授粉作物，花朵开放前即完成授粉，天然杂交率不到1%。大豆在传粉后8～10h完成受精。大豆从出苗、花芽分化到开花，需要30～50d。正常气候条件下，大豆开花时间是6—11时，有风天气会提前开放。从花蕾膨大到花朵开放需3d左右，每朵花开放0.5～4h。大豆最适开花温度为20～26℃，相对湿度为80%左右，超过这个范围则不利于开花。连续降雨可延迟开花时间并使花粉黏结，影响受精。育种过程中为提高杂交成功率，南方地区可在7月底种植，使开花期避开高温天气，利于人工授粉杂交。

5. 荚

大豆荚由子房发育而成。豆荚形状分直形、弯镰形和弓形3种，成熟荚果颜色有黄褐、灰褐、褐、深褐以及黑色5种类型。大豆荚上生有茸毛，个别品种无茸毛，有棕色和灰色之分。作为鲜食大豆，消费者更倾向于选择灰毛、鼓粒期荚色鲜绿的品种。

大豆荚粒数有一定的稳定性，栽培品种标准荚率多为60%以上。荚粒数与叶形有一定的相关性。披针形叶大豆品种，四粒荚的占比很大，也有少数五粒荚；卵圆形叶、长卵圆形叶品种以二、三粒荚为多。

成熟的豆荚中常有发育不全的籽粒，或者只有1个小薄片，通称秕粒。秕粒率常在15%～40%。秕粒的形成原因是受精后结合子未得到足够的营养。一般先受精的先发育，粒饱满；后受精的后发育，常成秕粒。在同一个荚内，先豆由于先受精，养分供应好于中豆、基豆，故先豆饱满，而基豆常常瘦秕。开花结荚期间，阴雨连绵、天气干旱均会形成秕粒。鼓粒期间改善水分、养分和光照条件有助于减少秕粒。

6. 种子

大豆种子由胚珠发育而来，由种皮、子叶和胚组成。种皮对种子起保护作用。种皮外侧有明显的脐，是种子脱离珠柄后在种皮上留下的痕迹。脐上部有一凹陷的小点，称合点，是珠柄维管束与种胚连接处的痕迹。种脐靠近下胚轴的一端有小孔，称种孔，发芽时，胚根由此伸出。

大豆种子形状、大小、种皮色各异。种子形状有圆、扁圆、椭圆、扁椭圆、长椭圆、肾形等；种子大小差异极大，小的百粒重不足5g，大的百粒重超过40g；种皮颜色有黄色、绿色、褐色、黑色及双色5种，以黄色居多。鲜食大豆种子百粒重通常在30g以上，种皮多为绿色。

大豆开花后20d，是胚发育、种子增大和结构建成的关键时期。此后，可溶性物质快速增加，豆荚生长迅速，然后加宽，荚内豆粒逐渐膨大，这一阶段称鼓粒期。鼓粒期种子质量增加较快，每天增加6～7mg，同时迅速积累各种营养物质。随着种子逐渐成熟，含水量逐渐降低。开花后20～30d，种子进入形成中期，干物质迅速增加，含水量降到60%～70%，其间主要积累脂肪。开花后30～40d，种子含水量迅速下降，有机物转化为贮藏状态，其间主要积累蛋白质。种子干重增加到最大值、水分下降到20%以下时，种子出现该品种固有性状，如色泽、形状和大小。鲜食大豆一般开花后45d左右采收，豆荚与种子均呈现青绿色，口感甜糯，有豆香味。

二、大豆的类型

大豆分为栽培种［*Glycine max*（L.）Merr.］和野生种［*Glycine soja* Siebold & Zucc.］，本书中的大豆指栽培种大豆，按照大豆的用途、播种季节等分为多种类型。

1. 按照用途分类

一般分为粒用、饲用、鲜食和兼用等多种类型，浙江省种植的大豆多为鲜食大豆。

2. 按播种期分类

一般可分为春大豆、夏大豆、秋大豆和冬大豆。浙江省鲜食大豆可分为春大豆、夏大豆和秋大豆，以春、秋大豆为主。

3. 按结荚习性分类

大豆的结荚习性是重要生态性状，一般可分为无限、有限和亚有限 3 种类型，在地理分布上有明显的规律性和地域性。从全国范围看，南方雨水多，生长季节长，有限性品种多；北方雨水少，生长季节短，无限性品种多。从一个地区看，雨量充沛、土壤肥沃，宜种有限性品种；干旱少雨、土质瘠薄，宜种无限性品种；雨量较多、肥力中等，可选用亚有限性品种。鲜食大豆多为有限结荚类型，但近年来选育的鲜食大豆亚有限结荚习性品种逐渐增加，此类品种需配套相应栽培措施，以发挥其高产、优质的特点。

4. 按种皮颜色分类

可分为黄、绿、褐、黑和双色大豆。其中，绿大豆可分为绿皮黄仁和绿皮绿仁 2 类，黑大豆可分为黑皮黄仁和黑皮绿仁 2 类。鲜食大豆多为绿皮黄仁。

5. 按种子大小分类

种子大小以百粒重衡量，按照百粒重大小可将大豆分为极小粒（百粒重＜5.0g）、小粒（5.0g≤百粒重＜12.0g）、中粒（12.0g≤百粒重＜20.0g）、大粒（20.0g≤百粒重＜30.0g）和极大粒（百粒重≥30.0g）5 种类型。鲜食大豆多为极大粒。

三、大豆的生长发育

大豆的一生指从种子萌发开始，经历出苗、幼苗生长、花芽分化、开花结荚、鼓粒，直至新种子成熟的全过程。我国一般将大豆的一生划分为 6 个时期，即播种期、出苗期、开花期、结荚期、鼓粒期、成熟期。国际上通用的是费尔（Water R. Fehr）等的划分方法，将大豆的一生分为营养生长时期和生殖生长时期，再将营养生长和生殖生长划分为若干阶段。在农业生产中一般将大豆生长发育分为萌发期、幼苗期、花芽分化期、开花期、鼓粒期和成熟期。

1. 萌发期

指从种子萌发到幼苗出土的阶段。大豆种子在一定的温度、水分和空气条件下萌动，先是胚根伸长伸入土中，随后下胚轴伸长，子叶带着幼芽拱出地面。出苗时间与温度关系极大，在适宜的温度范围内，温度越高，出苗所需时

间越短。一般早春播种出苗需 10d 左右，夏、秋播种出苗仅需 4d。

大豆种子适宜的发芽温度为 18～20℃，低于 8℃，种子萌发慢，容易霉烂。但春大豆品种在 7℃左右能够发芽，夏大豆品种在 10℃以上才能发芽。除适宜的温度外，还需要适宜的土壤水分，大豆种子发芽一般要吸收种子质量 1.2～1.5 倍的水分。如土壤含水量过高，空气不足，容易导致种子腐烂，出苗差。

2. 幼苗期

指幼苗出土至花芽分化开始之前的阶段。此期主要为营养生长期，主要表现为发根、出叶和茎伸长。适宜生长温度为日平均温度 20℃以上，根系生长比地上部生长快，叶面积较小，耗水量低，为耐旱能力最强的时期。此期应及时间苗、定苗，保证光照充足，适当控制土壤含水量，促进根系生长，防止地上部徒长，培育壮苗。

3. 花芽分化期

指花芽开始分化到始花之前的阶段，部分品种幼苗期和花芽分化期会部分重叠。大豆花芽分化开始时间因品种和环境条件不同而不同，一般为出苗后 20～30d，分化期为 25～30d。花芽分化期大豆生长发育旺盛，植株生长量较多，茎叶生长加快，分枝不断增加，花芽不断分化。其间田间环境会影响到植株分枝数、花芽分化，并会影响到以后的生长发育和开花数，因此在生产上要及时提供水分和养分，促进茎叶生长和花芽分化。

4. 开花期

指始花至终花的阶段。大豆开花期与品种和气候有关，不同品种开花期为 15～40d 不等。此期生殖生长和营养生长并进，对外界环境敏感，需水、需肥量大，要保证充足的水肥供应，应及时灌水，适时追施磷钾肥，适当喷施叶面肥。

5. 鼓粒期

指终花期至鼓粒饱满的阶段。此期生殖生长占主导地位，植株除继续积累光合产物外，还对营养物质进行分配和再利用，养分向籽粒转移。大豆荚在受精后 10d 左右才迅速伸长，豆荚长和宽在开花后 20d 左右达到最终大小。大豆种子在开花后 30～45d，脂肪和蛋白质积累量达到最终积累量的一半；开花后 40d 左右，具有发芽力；开花后 55d，发芽整齐。此期生长状况直接影响产量，要注意维持叶片和根系活力，做好病虫害防治工作，适时喷施叶面肥。鲜食大豆在鼓粒后期荚色鲜绿时收获。

6. 成熟期

指鼓粒饱满至 95％荚果呈成熟色的阶段。此期植株生命活动逐渐减弱，种子含水量迅速降低，粒型逐渐圆润，应抢晴天及时收获，防止阴雨天湿度大导致霉变，影响种子活力。

四、大豆对环境要求

1. 光

大豆是短日照作物，短日照能促进大豆生长，长日照会延缓或阻止大豆生长发育。日照在 9～18h，光照越短越能促进花芽分化，提早开花。春大豆对日照长短反应较迟钝，南方秋大豆对日照十分敏感。据报道，月光对大豆开花有影响，因此，大豆生产田块应远离路灯等人工光源，特别是秋大豆。

光除调节大豆生长发育外，更重要的是可通过光合作用向大豆提供能量。研究表明，大豆光补偿点为 750lx 左右，光饱和点为 25 000lx 左右，是喜光作物。

2. 温度

大豆是喜温作物，不同生长发育时期对温度有不同要求（表 2－1）。萌发期大豆种子对土壤温度十分敏感，种子播深处土壤温度低于 8℃，则不能出苗。鲜食大豆最适宜生长温度为 20～25℃，温度低于 14℃时生长停滞，温度超过 40℃时坐荚率显著减少。

表 2－1　大豆各生长发育期温度要求

生长发育期	最低温度/℃	可满足温度/℃	最适温度/℃
萌发期	6～7	12～14	20～22
幼苗期	8～10	15～18	20～22
花芽分化期	16～17	18～19	21～23
开花期	17～18	19～20	22～25
鼓粒期	13～14	18～19	21～23
成熟期	8～9	14～16	19～20

3. 水分

鲜食大豆需水量较大，一般认为大豆每形成 1g 干物质需耗水 500g 左右。在大豆生产过程中，田间积水会导致大豆生长不良，积水时间较长会导致大豆死亡。

鲜食大豆种子百粒重较大，萌发期需要充足的水分，土壤含水量不足，种子没有吸收足够的水分就无法萌发；土壤含水量太高则易导致烂种缺苗。苗期耐旱能力相对较强，保持土壤适度干旱，可促进大豆根系生长，对提高大豆抗倒伏能力有很大帮助；土壤含水量过多会导致根系发育不良，影响正常生长。

开花结荚期对土壤含水量十分敏感，要求土壤湿润但水分不能过多；从开始结荚到鼓粒期间，要求土壤水分充足，以保证籽粒发育，土壤含水量较低会造成幼荚脱落或秕粒秕荚，土壤干旱会严重影响鲜食大豆鲜荚外观品质，影响销售价格。

4. 养分

高品质的鲜食大豆对土壤要求比较严格，要求土壤疏松、有机质含量高，pH 在 6.5～7.5 比较合适。pH 低于 6 的酸性土壤常常缺钼，不利于根瘤菌的繁殖发育；pH 高于 7.5 的土壤常常缺铁、锰，影响叶绿素合成。鲜食大豆形成蛋白质和脂肪等营养物质需要大量的营养元素，需肥较多，尤其是氮、磷、钾。一般认为，每生产 100kg 大豆，需吸收氮（N）5.3～7.2kg，磷（P_2O_5）1～1.8kg，钾（K_2O）1.3～4.0kg，大豆籽粒中氮、钾含量是小麦的 2 倍多，是水稻的 4 倍多，磷含量比小麦多 30%，比水稻多 40%。

大豆生长对营养有一定要求，具体指标见表 2－2，可作生产补充施肥监测指标。

表 2－2　大豆生长所需营养元素指标

元素	指标
氮	土壤中水解氮含量 30mg/kg，施氮增产效果显著；达 50mg/kg 以上时，施氮效果不显著
磷	植株地上部平均含磷 0.25%～0.145%。开花期植株含磷 0.25%～0.35%为磷营养适宜指标。土壤中速效磷含磷量达 60mg/kg 以上时，施磷效果不显著；含磷量为 10～20mg/kg 时，施磷效果显著
钾	生长期植株体内最适含钾量 1%～4%，开花期为 1.1%～2.2%。土壤中钾含量达 80mg/kg 以上时，施钾增产效果不显著；低于 50mg/kg 时，施钾增产效果显著
钼	土壤中有效钼含量低于 0.01mg/kg 时，植株表现缺钼特征
硼	正常生长的植株体内含硼 20～100mg/kg。土壤中水溶性硼达 0.5mg/kg 时，就能满足植株需求
锰	植株的锰最适含量为 30～200mg/kg。植株体内锰含量少于 20mg/kg，表现缺锰特征，多于 1 000mg/kg 对植株有害
锌	正常生长的植株体内含锌 30mg/kg。植株体内锌含量少于 15mg/kg 时，施锌效果好

第三章　鲜食大豆栽培技术

鲜食大豆因采收鲜荚，具有蔬菜的属性，在栽培过程中更注重鲜豆荚的外观商品性以及内在食味品质，栽培技术既与粒用大豆相似，也有其自身特点。鲜食大豆的管理要求比粒用大豆更为精细，同时还要考虑产量和效益，栽培上要综合考虑品种自身特性、上市季节、用途来确定合适的品种、适宜的播期和配套的栽培技术，达到优质、高产、高效的目的。

一、栽培技术概述

1. 品种选择

浙江省春、夏、秋三季均可栽培鲜食大豆，不同品种对光、温有不同的反应。鲜食春大豆品种对温度比较敏感，对光照长短反应比较迟钝；鲜食夏秋大豆对光照长短反应比较敏感。选种时要清楚品种特性，根据季节选择适宜品种。春季宜选择浙鲜 12、浙鲜 9 号、浙农 6 号等耐低温优质鲜食大豆品种；夏季宜选择衢鲜 3 号、浙鲜 19、夏丰 2008 等耐高温品种；秋季宜选择衢鲜 5 号、衢鲜 8 号、浙鲜 86、萧农秋艳等优质鲜食大豆品种。

2. 整地做畦

最好选择土壤疏松肥沃、排灌方便的田块，前茬最好是水稻，水旱轮作能有效减少病虫害发生。结合翻耕，亩施大豆专用复合肥 30kg 或 17－17－17 硫酸钾型三元复合肥 25kg 作为基肥，同时每亩撒施 2%联苯·噻虫胺颗粒剂防治地下害虫。鲜食大豆生育期内常遇干旱和涝害，应深沟窄畦，方便发生涝害时排水，干旱时灌水。沟深在 20cm 以上，沟底宽 30cm 左右，畦宽 60cm 或 100cm。

3. 种子处理

鲜食大豆种子比较大，定土能力较弱，容易受土壤等因素影响，播前进行适当的种子处理有利于齐苗壮苗。一是播种前应该进行发芽试验，确定种子的发芽率和活力，再结合播种密度确定用种量。二是进行拌种处理，以促进齐苗壮苗。春季低温高湿，种子萌发期较长，容易烂种，用多菌灵拌种可有效减少烂种，提高出苗率；夏、秋季高温，易发根腐病和枯萎病，用咯菌腈拌种可有效减轻病害发生。

4. 适期播种

要根据气候、品种、土壤以及墒情确定适宜的播种期，一般要求播后 2d 内无大雨，播种深度以不超过 5cm 为宜。春季大棚促早栽培播期为 1 月至 3 月初，露地覆膜栽培播期为 3 月初至清明前后，露地栽培播期为 4 月初至 4 月底；夏大豆播期为 6 月底至 7 月初；秋大豆正常播期为 7 月中旬至 8 月初，延后播种期为 8 月初至 8 月 25 日。

5. 合理密植

鲜食大豆的鲜荚产量一般与种植密度成正相关，与鲜荚品质成负相关，合理密植可平衡好鲜荚产量和鲜荚品质，达到最佳种植效益。浙江省鲜食大豆种植行距为 50cm 左右，根据品种、种植季节的不同，株距为 20～30cm，留双苗。春季大棚促早栽培密度 1.6 万株/亩，露地覆膜栽培 1.4 万株/亩，露地栽培 1.2 万株/亩，一般播种期越早，密度越大；夏季栽培密度 8 000 株/亩左右；秋季栽培密度 1 万株/亩左右，延后栽培密度 1.2 万株/亩左右，一般播期越晚，密度越大。播种密度还与品种特性和土壤肥力水平有关，早熟品种、株型收敛品种、土壤贫瘠地块可以密植，晚熟品种、株型分散品种、土壤肥沃田块应稀植。

6. 水分管理

鲜食大豆需水量较大，对水分比较敏感，水分过多、过少均会影响鲜食大豆正常生长。鲜食大豆播种后，应及时清沟，保证畦、沟无积水；出苗后，应适当控水蹲苗，促进根系向下生长，有利于防倒伏、促增产；开花结荚期要保持土壤湿润，如遇干旱，应及时灌水，注意水面不要没过畦面。

7. 肥料施用

基肥：一般翻耕时施用，亩施 17－17－17 硫酸钾型三元复合肥 25kg 左右，过磷酸钙 25kg。

追肥：第一次追肥在出苗后第 1 对真叶展开时，结合中耕除草，亩施尿素 10kg、硫酸钾 5kg，施肥后保持田间土壤湿润。第二次追肥在始花期，亩施 17－17－17 三元复合肥 15kg 左右。

叶面肥：鲜食大豆对外观品质要求高，可结合病虫害防治补施叶面肥，特别是在鼓粒期喷施磷酸二氢钾和尿素，既可促进结荚和鼓粒，又能提高豆荚品质。

8. 病虫害草害防治

详见第四章。

二、高产高效特色栽培技术

1. 鲜食春大豆大棚“两棚一膜”促早栽培技术

鲜食春大豆大棚“两棚一膜”促早栽培技术指育苗后移栽至扣有中棚、覆有地膜的大棚的栽培方法，使用该栽培方法可使鲜食春大豆比露地栽培提早1个月左右上市，市场价格稳定，种植效益较高。

（1）品种选择

早春大棚育苗移栽品种应选择早熟、低温发芽好、耐弱光的品种，如浙鲜12、沪宁95-1、春风早等。

（2）育苗

①育苗前准备。在大棚内采用72孔穴盘基质育苗，选用专用商品育苗基质。播种前预湿基质，使基质含水量为30%～35%，以手捏成团、落地即散为宜，然后装盘待播。

②播种。播种时间以1月下旬以后的晴天为宜，每穴播种2～3粒，覆盖基质2～3cm，一般出苗前不宜浇水。播后覆盖地膜、搭中棚以保温促出苗，50%左右幼苗顶土出苗后，要及时揭去地膜。

③苗期管理。一般10d左右齐苗，子叶出土经光照后1～2d即可进行光合作用，此期耐寒能力较差，夜间要做好防寒御冻工作，齐苗后7d左右即可移栽定植。

（3）定植

①定植前准备。一般齐苗后即可整地做畦，做畦时亩施17-17-17硫酸钾型三元复合肥30kg、过磷酸钙25kg，8m宽大棚可做6畦，畦面80cm，沟宽30cm，沟深25cm。做好畦后覆盖微膜（地膜的一种），扣紧棚膜保温。

②定植。2月中旬左右打孔移栽，每畦种2行，株距20cm，每穴2～3苗。移栽后浇足定根水，水中可加入磷酸二氢钾500倍、50%多菌灵WP（Wettable Powder，可湿性粉剂）500倍和25%甲霜灵WP 800倍的混合液，随后用土封严定植孔，以免地膜下溢出热气灼伤秧苗。

（4）田间管理

移栽后洞口四周用细土盖严，防止热气烧苗，同时做好查苗补苗工作，保证足够的基本苗。要及时调节好棚内温、湿度，低温寒潮天双棚要盖严，防寒保暖；下雨天要及时排水，防止发生水害；晴天棚内温度超过25℃时，双棚两头要及时揭开通风换气；开花期棚内最适温度是白天23～29℃、夜晚17～23℃，相对湿度75%左右；开花后要及时撤掉小拱棚，防止植株徒长。开花期是大豆最需要营养的关键时期，要施好追肥，在初花期每亩施51%三元复合肥15kg；开花后期至结荚期，叶面喷施0.2%磷酸二氢钾+0.05%钼酸铵溶液2次（间隔7d），以有效增强后期抗逆性，促进鼓粒，提高鲜百荚重和结实率。此外，开花结荚期要求土壤含水量达80%左右，此时大棚内需灌水1～2次，建议采用沟灌，速灌速排。

（5）病虫害防治

鲜食春大豆“两棚一膜”促早栽培前期气温较低，故病虫害发生较轻；土壤湿度大，应做好根腐病防治工作，在开花结荚期防治炭疽病，间隔 7d 用甲基托布津 WP 600 倍液喷雾防治 2 次。

（6）适时分批采收

早春双棚栽培的大豆要分批采收，达到采摘标准就要采下，越早上市，价格就越高。采下的青豆荚应贮放在阴凉处，最好当天采摘当天上市，以保证新鲜度。

2. 鲜食大豆双季免耕栽培

鲜食大豆双季免耕栽培是针对劳动力紧张、用工成本高而采用的一项节本省工栽培技术，一般连续免耕 2 年左右，每季每亩可节本增效 400 元左右。

（1）品种选择

春季栽培品种宜选择早熟品种（沪宁 95－1、浙鲜 12 等）搭配中迟熟品种（衢春豆 1 号、浙鲜 9 号、浙农 6 号等），秋季栽培品种宜选择耐迟播的优质品种，如衢鲜 1 号、衢鲜 5 号、衢鲜 8 号、浙鲜 86、萧农秋艳等，实现错峰上市，降低风险，提高收益。

（2）整地做畦

双季免耕一般 2～3 年整地做畦 1 次，畦连沟宽 130cm（沟宽 30cm），沟深 30cm，方便排灌。

（3）播种

春大豆播期为 3 月上中旬到 4 月中下旬，秋大豆播期为 7 月中下旬到 8 月中旬。早熟春大豆密度为 1.8 万株/亩左右，中迟熟品种密度为 1.5 万株/亩左右；秋大豆早播密度为 1 万株/亩左右，迟播密度为 1.4 万株/亩左右。播种时做到土壤湿润，浅播、匀播，不露籽，保证出苗快、齐、壮。

（4）防控杂草

播种前 1 周左右可用灭生性除草剂草铵膦杀灭田间杂草；播种覆土后至出苗前可用苗前除草剂乙草胺封闭土壤除草；苗期杂草危害较重，可以选择适宜的除草剂（精喹禾灵等）进行茎叶处理。

（5）施肥

早施苗肥、喷施叶面肥、巧施鼓粒肥。鲜食大豆生长期短，苗期要早施追肥。在苗期（第 1 对真叶展开时）每亩追施 10kg 尿素＋15kg 三元复合肥，在第 3～4 片复叶展开时亩施复合肥 15kg，在开花结荚期每亩追施复合肥 10kg，并结合治虫多次喷施叶面肥，鼓粒期（采摘前 15d 左右）亩施尿素 7～8kg，防止叶片早衰，保证荚色翠绿。

（6）灌溉

播种时土壤要湿润，生育期间如遭受干旱危害，应根据气候情况灌跑马水。特别是鼓粒期，必须保持土壤湿润，有利于增加鲜荚重，提高商品品质。

应于早晨或傍晚灌半沟水，待畦面湿润后排干水。

（7）病虫防治

春大豆主要病虫害有蚜虫、炭疽病，秋大豆主要病虫害有蚜虫、斜纹夜蛾、豆荚螟、豆秆黑潜蝇、白粉病等，要及时做好防治工作。地下害虫防治可结合芽前除草剂喷施氟氯氰菊酯。要选用高效、低毒、低残留农药，确保鲜荚食用安全。适时采摘鲜食大豆鲜荚，采收时间一般为植株开花后 40～50d，豆荚鼓粒饱满、呈翠绿色时采收为宜。

3. 早稻—鲜食秋大豆水旱轮作栽培技术

水旱轮作指在同一地块上有顺序地轮换种植水稻和旱地作物的种植方式，其显著特征是作物系统的水旱交替轮换导致土壤不同季节间的干湿交替变化。作为中国南方普遍采用的一种稻田耕作制度，水旱轮作不仅有利于均衡土壤养分、改善土壤理化性质以及有效防治病、虫、草害，而且对增加粮食产量、缓解农田压力、保障全国的粮食安全具有十分重要的战略意义。

浙江省是全国主要的稻豆轮作产区之一，近年来，一方面，由于早稻采取订单保护价收购，而连作晚稻没有订单补贴，导致早稻的收购价格上涨，种植效益明显提高，有力地促进了早稻生产的发展，种植面积不断增加。另一方面，随着农业种植结构的调整和居民膳食结构的变化，大豆种植面积不断扩大，早稻—鲜食大豆轮作已成为浙江省最具代表性和分布最广泛的耕作制度之一。

早稻—鲜食秋大豆水旱轮作栽培技术具有良好的社会效益和生态效益。早稻—鲜食秋大豆水旱轮作栽培技术能显著提高农田综合生产能力，特别是对众多易旱稻田地区，早稻收获后不宜种植晚稻，改种鲜食秋大豆，既可防止秋季农田抛荒，增加粮食产量，又能显著增加农民收益，有利于稳定粮食生产。而且水旱轮作可减轻农田病虫害的发生，减少农药使用，减缓稻—稻两熟制对水分的过度依赖，促进生态循环农业发展。大豆根瘤菌具有固氮作用，残根落叶能有效培肥地力，改善土壤结构，早稻与秋延后鲜食大豆轮作可减少化肥施用量，减轻施用化肥造成的农业面源污染。

（1）早稻高产栽培技术

①品种选择。应选用高产，适宜直播、抛秧，熟期适合的品种，如中嘉早 17、中早 39。

②播种移栽。适时播种，培育壮秧：塑料软盘育秧宜适当早播，一般 3 月下旬播种；地膜苗床育秧 3 月下旬至 4 月初播种。采用直播方式时，应于日平均气温稳定在 13℃以上时播种，直播栽培每亩播种量在 5.0kg 左右。

及时移栽，合理密植：抛秧一般在 3 叶 1 心至 4 叶 1 心期，每亩抛栽 2.5 万株。栽插时每穴插 4～5 株苗，确保每亩基本苗在 10 万株以上。

③施肥。早稻施肥原则是施足基肥，早施追肥，配施磷钾肥，后期根据秧苗生长情况酌情追施穗肥。每亩施纯氮 10～12kg，配施磷钾肥，使氮、磷、钾比例为 1∶0.5∶1。

④灌水。前期浅水分蘖，后期见干见湿，防止断水过早。抛秧后应轻搁田 1～2d 促进扎根立苗，抛、插秧后约 5d 施用除草剂并保持 4～5d 水层，随后适时搁田控苗促根，收获前 4～6d 断水。

⑤病虫害防治。种子必须经过消毒，以防止恶苗病的发生，播种前用咪鲜胺等药剂浸种消毒 4h。田间及时防治稻瘟病、白叶枯病及螟虫、褐飞虱等病虫害。

（2）鲜食秋大豆种植技术

①品种选择。选择优质、高产的鲜食秋大豆品种，如衢鲜 5 号、衢鲜 8 号、浙鲜 86、萧农秋艳等。

②播种。早稻收割后至 8 月 25 日前，播种时要做到土壤湿润，浅播、匀播，不露籽，保证出苗快、齐、壮。每亩播种量 5kg 左右，保苗 1.1 万～1.3 万株，每穴留苗 2～3 株。

③防控杂草。播种覆土后，用 50％乙草胺 100mL 兑水 30kg 喷雾。喷施时要均匀喷洒畦面，防止重喷和漏喷。在大豆封行前进行 1 次中耕除草，防止杂草生长。

④施肥。鲜食大豆生长期短，要施足基肥，苗期要早施追肥。基肥一般为复合肥 25kg/亩，第 1 对真叶展开时每亩追施 10kg 尿素，在大豆 4～5 叶期结合治虫喷施 1 次叶面肥，始花时亩施复合肥 10kg，鼓粒期（采摘前 15d 左右）亩施尿素 5kg，防止叶片早衰。

⑤灌溉。播种时土壤要湿润，生育期间如遭受干旱危害，应根据情况灌跑马水，特别是后期的鼓粒期，必须保持土壤湿润，以利于增加鲜荚重，提高商品品质。

⑥病虫防治。主要病虫害有蚜虫、斜纹夜蛾、豆荚螟、豆秆黑潜蝇及霜霉病等，要及时做好防治工作。应选用高效、低毒、低残留农药，确保鲜荚食用安全。

⑦适时采摘。鲜荚采收时间一般为植株开花后 45～50d，豆荚鼓粒饱满呈翠绿色时采收为宜。

4. 鲜食秋大豆秋延后栽培技术

（1）选择耐迟播品种

以衢鲜 5 号、衢鲜 8 号、浙鲜 86、萧农秋艳为宜。

（2）精细播种

秋延后种植，适播期为立秋以后至 8 月 20 日，最迟不超过 8 月 25 日。播种时要求做到土壤湿润，浅播、匀播、不露籽，保证出苗快、齐、壮。

（3）提高密度

亩播种量8kg左右，每亩1.3万～1.5万株，每穴留苗3株左右。

（4）防控杂草

播种覆土后，喷施50%乙草胺100mL兑水30kg。喷施时要均匀喷洒畦面，防止重喷和漏喷。在大豆封行前进行1次中耕除草，防止杂草生长。

（5）重施基肥，早施苗肥，喷施叶面肥，巧施鼓粒肥

鲜食大豆秋延后种植生长期短，要施足基肥，苗期要早施追肥，基肥一般为每亩30～35kg复合肥，第1对真叶展开时亩施尿素10kg，在大豆5叶期结合治虫喷施1次叶面肥（农帝威50～100g，浓度为800～1 000倍），始花期每亩追施复合肥20kg，鼓粒期（采摘前15d左右）亩施尿素7～8kg。

（6）合理灌溉

播种时土壤要湿润，生育期间如遭受干旱危害，应根据气候情况灌跑马水。特别是后期的鼓粒期，必须保持土壤湿润，以利于增加鲜荚重，提高商品品质。

（7）防治病虫

秋延后种植大豆的主要病虫害有蚜虫、斜纹夜蛾、豆荚螟、豆秆黑潜蝇、霜霉病等，要及时做好防治工作，药剂要选用高效、低毒、低残留农药。

（8）适时采摘

鲜食大豆秋延后种植的鲜荚采收时间一般为植株开花后45～50d，豆荚鼓粒饱满呈翠绿色时采收为宜 。

第四章　浙江省鲜食大豆主要病虫草害防治技术

一、主要病害防治方法

1. 大豆立枯病

（1）简介

大豆立枯病是主要发生在大豆苗期的一种病症，又称“死棵”“猝倒”“黑根病”。在各产区均有分布，常导致幼苗死亡，部分地区发病率达 10%～40%，产量损失 30%～40%，严重者甚至绝收。

（2）为害症状

大豆立枯病主要为害幼苗。幼苗发病，主根和靠地面的茎基部出现红褐色略显凹陷的病斑，皮层开裂呈溃疡状，病菌的菌丝最初无色，以后逐渐变为褐色，严重时包围全茎，使基部变褐、缢缩，靠近地表的幼茎上出现水渍状病斑，继而变细、腐软，呈黑褐色，导致幼苗迅速折倒死亡。

（3）病原

病原为立枯丝核菌，属半知菌亚门真菌。

（4）发病规律

病原以菌核在土壤中越冬，也能以菌丝体和菌核在病残体上越冬，并可在土壤中营腐生生活，成为翌年的初侵染菌源。在适宜的温、湿度条件下，菌核萌发长出菌丝继续为害大豆，后病部长出菌丝，继续向四周扩展。苗期低温多雨，低洼积水，发病重；高温高湿，光照不足易发病；用病残体沤肥，未经腐熟，易传播病害；地下害虫多、缺肥和大豆长势差的田块发病重；与其他寄主作物重茬发病重，土质黏重、苗龄过长、田间排水不畅等都是加重病害发生的主要原因。

（5）防治方法

①农业防治。选用抗病品种，发病地块与禾本科作物实行 3 年以上的轮作。选择排水良好的地块种植大豆，低洼地采用垄作或高畦深沟种植，合理密植，勤中耕除草，防止地表湿度过大，雨后及时排出田间积水。

②化学防治。播种前用种子量0.3%的50%福美双WP，或40%甲基立枯磷乳油拌种。苗期灌根可选用50%甲基硫菌灵WP 1 000倍液，或25%甲霜灵800倍液。

2. 大豆花叶病毒病

（1）简介

大豆花叶病毒病是大豆的主要病害之一，严重影响大豆产量和品质，常年产量损失5%～7%，重病年减产10%～30%，少数地区甚至减产50%以上。病株减产因素主要是有效荚数少，百粒重、蛋白质含量、含油量降低。

（2）为害症状

不同品种间或感病时期不同，表现的症状差异较大，轻花叶型病叶呈黄绿相间的轻微淡黄色斑驳，植株不矮化，可正常结荚；皱缩花叶型病叶呈明显的黄绿相间的斑驳，皱缩严重，叶脉褐色弯曲，叶肉呈泡状突起，暗绿色，整个叶缘向后卷，后期叶脉坏死，植株矮化；皱缩矮化型病叶皱缩，输导组织变褐色，叶缘向下卷曲，植株节间缩短，明显矮化，结荚少或不结荚。

（3）病原

病原为大豆花叶病毒，属马铃薯Y病毒组。

（4）发病规律

大豆花叶病毒主要在种子里越冬，带毒种子是田间发生病毒病的初侵染源，播种带毒种子后，病苗真叶展开后便呈现花叶斑驳。老叶症状不明显，后期病株上出现老叶黄化或叶脉变黄现象。植株感病6～14d后出现明脉现象，后逐渐发展成各种花叶斑驳，叶肉隆起，形成疱斑，叶片皱缩。严重时，植株异常矮化，有效荚数、结实率等均降低。大豆花叶病毒在田间主要通过大豆蚜等蚜虫传播，也可通过汁液摩擦传播。发病初期，蚜虫1次传播范围在2m以内，5m以外很少，蚜虫进入发生高峰期后传毒距离增加。

（5）防治方法

①农业防治。播种无毒或低毒的种子、不断培育抗病品种是防止该病发生的根本途径。建立无病种子繁育基地，采取各种措施严格防治病毒病，适当调整播种期，使苗期避开蚜虫发生高峰期，早期清除病苗，清除田间地头杂草，铲除蚜虫繁殖场所。

②化学防治。及时防治蚜虫和蓟马，发病初期可选用8%宁南霉素水剂800～1 000倍液，或20%吗啉胍·乙酸铜WP 800倍液，或0.5%香菇多糖水剂600倍液，或10%羟烯·吗啉胍水剂100倍液进行喷雾防治。

3. 大豆根腐病

（1）简介

大豆根腐病是一种主要发生在大豆根部，导致大豆根系不发达，根瘤少，

地上部矮小瘦弱，叶色淡绿，分枝、结荚明显减少的病害。

（2）为害症状

大豆根腐病主要为害根部和豆秆下部，在大豆整个生育期均可发生。发病处出现水渍状病斑，褐色至赤褐色，呈椭圆形、长条形及不规则形，向下发展使根系坏死、变褐腐烂，严重时大豆须根明显减少，被侵染的幼苗或植株枯萎，在一些情况下，可引起全田植株枯萎。

（3）病原

病原为尖镰孢菌嗜管专化型和直喙镰孢菌，均属半知菌亚门真菌。

（4）发病规律

病原在土壤中或病株残体上越冬，翌年大豆出苗后开始感染，为初侵染源。多年连作、排水不良、土壤黏重、生长季多雨、低洼积水、湿度大的地块发病较重。

（5）防治方法

①农业防治。选用抗病品种，适时早播，掌握播种深度，合理轮作，改善田间排水，提高土壤通透性，增施有机肥。

②化学防治。用种子量0.3%的3%苯醚甲环唑种衣剂拌种，或在茎基部喷施25%甲霜灵WP 800倍液。

4. 大豆枯萎病

（1）简介

大豆枯萎病是大豆的常发病害，又称“萎蔫病”“镰刀菌凋萎病”，该病系统性侵染植株整株，为害叶片、茎、根等。

（2）为害症状

大豆枯萎病是系统性侵染整株性发生病害。发病植株生长矮小，染病初期叶片由下向上逐渐变黄至黄褐色萎蔫。幼苗发病后先萎蔫，茎软化，叶片褪绿或卷缩，呈青枯状，不脱落，叶柄也不下垂，病根发育不健全，幼株根系腐烂坏死，呈褐色并扩展至地上3～5节。成株期发病，病株叶片先从上往下萎蔫黄化枯死，一侧或侧枝先黄化萎蔫再累及全株，病根褐色至深褐色，呈干枯状坏死。

（3）病原

病原为尖孢镰刀菌豆类专化型，属半知菌亚门真菌。

（4）发病规律

枯萎病是典型的土传性病害，病原以菌丝体和厚垣孢子随病残体遗落土表越冬，成为翌年的初侵染菌源。病菌通过幼根伤口侵入根部，然后进入导管系统，随蒸腾液流在导管内扩散，菌丝体充满木质导管或产生毒素，导致植株萎蔫枯死。高温多湿易发病，连作地、播种过深、根系发育不良、土壤板结等不良条件下发病重。

（5）防治方法

①农业防治。注意选用抗病品种，清除田间杂草，减少病源，与禾本科作物轮作，加强田间管理，及时清除病叶、病株。加强田间排水排涝，降低田间湿度。

②化学防治。用种子量1.3%的2%宁南霉素水剂，或种子量0.2%～0.3%的2.5%咯菌腈悬浮种衣剂拌种。发病初期，用70%甲基硫菌灵WP 800倍液，或50%多菌灵WP 500倍液灌根，每穴喷淋300～500ml，间隔7d喷施1次，2～3次。

5. 大豆炭疽病

（1）简介

大豆炭疽病是一种真菌病害，主要为害茎及荚，也为害叶片或叶柄。从苗期至成熟期均可发病。是大豆生产的常见病害，严重发生可影响产量。

（2）为害症状

大豆带病种子播种后，大部分于出苗前即死于土中，导致缺苗断垄。在成株期，主要为害茎及荚，也为害叶片或叶柄。茎部染病初生褐色病斑，其上密布呈不规则排列的黑色小点。荚染病小黑点呈轮纹状排列，病荚不能正常发育。苗期子叶染病现黑褐色病斑，边缘略浅，病斑扩展后常出现开裂或凹陷，病斑可从子叶扩展到幼茎上，致病部以上枯死。叶片染病边缘深褐色，内部浅褐色。叶柄染病现褐色不规则病斑。病菌侵染豆荚可以导致种子被侵染。被侵染的种子萌发率低，影响种子质量。

（3）病原

病原为大豆刺盘孢，属半知菌亚门真菌。

（4）发病规律

病菌以菌丝体或分生孢子盘在病株或病种上越冬，带菌种子播种后，病菌即可侵入幼苗，由病种长出的病苗在潮湿条件下产生大量分生孢子，借助风雨传播，进行多次再侵染。苗期低温，生长后期高温多雨的年份，大豆出土时间延迟，温暖潮湿的天气均发病较重。

（5）防治方法

①农业防治。选用抗病品种，精选种子，剔除病种，实行3年以上轮作，合理密植，避免施用氮肥过多，提高植株抗病力，及时清除田间杂草，中耕培土，降低田间湿度，雨后及时排出田间积水，收获后及时清除病残体、深翻，以减少越冬菌源。

②化学防治。播种前用种子量0.5%的50%多菌灵WP或50%扑海因WP拌种，拌后闷种3～4h。在大豆开花后喷施75%百菌清WP 800倍液，或50%

咪鲜胺 WP 1 000 倍液，隔 10d 施药 1 次。

6. 大豆尾孢菌叶枯病

（1）简介

大豆尾孢菌叶枯病是大豆主要病害之一，又称“紫斑病”，感病品种的紫斑粒率在 15%～20%，严重时在 50%以上，严重影响产量及品质，且导致感病种子发芽率下降。

（2）为害症状

叶片染病，叶片正面出现紫色或深红褐色，正、反面出现红棕色斑点，初生圆形紫红色小斑点，扩大后变成不规则形或多角形，呈褐色、暗褐色，主要沿中脉或侧脉的两侧发生，条件适宜时病斑汇合成不规则形大斑，染病后期叶片出现大面积坏死区域，最后导致落叶。豆粒染病，病斑不规则，仅限于种皮，不深入内部，多呈紫色，有的呈青黑色，在脐部四周形成浅紫色斑块。

（3）病原

病原为菊池尾孢，属半知菌亚门真菌。

（4）发病规律

病菌以菌丝体潜伏在种皮内或以菌丝体和分生孢子在病残体上越冬，播种后，病种及病残株上的菌源引起子叶发病，产生大量分生孢子，随气流和雨水传播，引起再次侵染。高温高湿有利于病害的发生和蔓延，大豆结荚期间多雨、种植密度过大、通风采光差等均有利于病害发生。

（5）防治方法

①农业防治。选用抗病品种，发病地块与禾本科作物实行 2 年以上的轮作。剔除带病种子，适时播种，合理密植，加强田间管理，防止地表湿度过大，收获后及时清除病残体，减少初侵染源。

②化学防治。播种前用种子量 0.3%的 50%福美双 WP 或 50%克菌丹 WP 拌种。在开花初期和结荚期喷施 65%代森锰锌 WP 500 倍液，或 30%碱式硫酸铜悬浮剂 400 倍液，或 70%甲基硫菌灵 WP 1 000 倍液。

7. 大豆白粉病

（1）简介

大豆白粉病是大豆的普遍病害，发病严重时减产明显。

（2）为害症状

大豆白粉病主要为害叶片。病菌生于叶片两面，形成由菌丝体和分生孢子组成的白色似霉状斑点，病斑圆形，具暗绿色晕圈，不久长满白粉状菌丛，即病菌的分生孢子梗和分生孢子，后期在白色霉层上长出球形黑褐色球形闭囊壳。

（3）病原

病原为蓼白粉菌，属子囊菌。

（4）发病规律

病菌以闭囊壳在病残体上越冬，成为翌年的初侵染菌源。在生长适宜条件下，闭囊壳开裂，释放子囊孢子，借助风雨传播，进而侵染叶片，病叶产生大量分生孢子梗和分生孢子。发病末期，白色粉状物上产生黑褐色闭囊壳，氮肥施用过多、低温干旱的生长季节发病比较普遍。

（5）防治方法

①农业防治。选用抗病品种，合理密植，科学用肥，加强田间管理，保持植株健壮。

②化学防治。发病初期及时喷洒25%多菌灵500～700倍液，或70%甲基硫菌灵WP 500倍液。

8. 大豆霜霉病

（1）简介

大豆霜霉病在大豆生育期均可发病，为害大豆幼苗、叶片、荚和籽粒，常引起种子霉烂、叶片早落或凋萎，导致大豆产量和品质下降，可减产8%～15%。

（2）为害症状

大豆霜霉病发病最明显的症状是叶背产生霜霉状物。幼苗发病，沿真叶叶脉两侧出现退绿斑块，湿度大时，病斑背面生灰白色霉层。成株期叶片发病，密生圆形或不规则形黄绿色小斑点，后变褐色，病斑可愈合成较大的斑点，引起叶片早期大量脱落。豆荚外部症状不明显，但剥开后，病粒表面黏附有灰白色的菌丝层，内含病原菌卵孢子。

（3）病原

病原为东北霜霉，属卵菌纲，霜霉目。

（4）发病规律

病原菌以卵孢子在种子上或病叶残体中越冬，卵孢子随种子发芽而萌发，产生游动孢子，侵入寄主胚轴，进入生长点，引起植株系统侵染病害，然后病组织上产生大量孢子囊，孢子囊萌发产生芽管后从气孔侵入寄主，在细胞间隙蔓延，再形成孢囊梗和孢子囊，随风、雨、气流传播，进行多次再侵染。结荚后病株内的菌丝通过茎和果柄的髓部侵入荚内，引起豆粒发病，并在豆粒上形成菌丝和卵孢子。降水量和温度是影响病害流行的主要因素，连作田块、低温、多雨环境发病重。

（5）防治方法

①农业防治。选用抗病品种，发病地块实行2年以上的轮作。选择排水良好的地块种植大豆，合理密植，科学管理肥水，降低田间湿度，及时清除病残体，深翻土壤，减少再侵染菌源。

②化学防治。播种前用种子量0.5%的50%福美双WP，或种子量0.3%

的 70%敌克松拌种。发病初期可用 80%代森锰锌 WP 600 倍液，或 72%霜脲·锰锌 WP 600 倍液，或 60%锰锌·氟吗啉 WP 600 倍液进行喷雾防治，间隔 7d 施药 1～2 次。

二、主要虫害防治方法

1. 大豆食心虫

（1）别名

大豆蛀荚蛾、小红虫、豆荚虫。

（2）危害特征

大豆食心虫，属鳞翅目，卷蛾科。幼虫蛀入豆荚，咬食豆粒，轻者沿瓣缝将豆粒咬成沟，重者将豆粒吃掉大半，使豆荚内充满粪便，降低产量和质量。

（3）发生规律

每年发生 1 代，以末龄幼虫在土中越冬。各虫态出现时期因地区和年度不同而略有变动，越冬幼虫于 7 月下旬开始破茧化蛹，8 月上中旬为化蛹盛期，8 月中下旬为羽化盛期，8 月下旬为产卵盛期，8 月底至 9 月初进入卵孵化盛期，幼虫在豆荚内为害 20～30d 后老熟，9 月中旬至 10 月上旬陆续脱荚入土越冬。幼虫孵化后多从豆荚边缘的合缝附近蛀入，先吐丝结成细长形薄白丝网，在其中咬食荚皮穿孔进入荚内为害。一般 1 只幼虫可咬食 2 粒豆粒，品种间受害程度差异较大。低温、少雨、干旱不利于大豆食心虫化蛹、羽化。

（4）防治方法

①农业防治。选用抗虫品种，选择豆荚绒毛少、光荚的品种。大豆种植田块避免连作，深翻土壤，特别是秋季翻耕，提高大豆食心虫越冬死亡率。

②化学防治。成虫产卵盛期，亩用 48%毒死蜱乳油 1 000 倍液进行喷雾防治；在结荚初期选用 5%高效氟氯氰菊酯乳油 800 倍液，或 10%虫螨腈悬浮剂 1 000 倍液进行喷雾防治。

2. 大豆蚜

（1）别名

腻虫。

（2）危害特征

大豆蚜，属同翅目，蚜科。大豆蚜以成虫或若虫集中在豆株的顶叶、嫩叶、嫩茎上刺吸汁液，被害处形成枯黄斑，严重时叶片卷缩、脱落，植株矮小，结荚率低。此外，大豆蚜还能传播大豆病毒病。

（3）发生规律

大豆蚜以卵在枝条的芽侧或缝隙里越冬，春季雨水充沛，营养条件好，利其繁殖，平均气温在22～25℃、相对湿度低于78%时有利其大发生，盛夏高温则虫口自然消减。

（4）防治方法

①农业防治。选用抗虫品种，及时铲除田边、沟边、塘边杂草，减少虫源。

②化学防治。有蚜株率达35%或百株蚜量达500头时，用5%啶虫脒WP，或10%吡虫啉WP 2 000倍液进行喷雾防治。蚜虫易产生抗药性，药剂应注意轮换使用。

3. 豆天蛾

（1）别名

豆虫、豆蝉。

（2）危害特征

豆天蛾，属鳞翅目，天蛾科。低龄幼虫取食植物叶片表皮，多将叶片咬出缺刻或孔洞，高龄幼虫食量大增，可将叶片吃光，仅残留部分叶脉和叶柄，严重时将全株叶片吃光，不能结荚。

（3）发生规律

一年发生2～3代，以老熟幼虫在土下9～12cm处越冬，多潜伏在豆田内或豆科植物附近的土堆边、田埂等向阳地。成虫昼伏夜出，白天栖息于生长茂盛的作物茎秆中部，傍晚开始活动。飞翔力强，可进行远距离高飞，对黑光灯有较强的趋性。卵多散产于豆株叶背面，少数产在叶正面和茎秆上。初孵幼虫有背光性，白天潜伏于叶背，1～2龄幼虫一般不转株为害，3～4龄因食量增大而有转株为害习性。

（4）防治方法

①农业防治。田块秋季深翻，消灭越冬虫源，利用豆天蛾成虫的趋光性，在成虫发生期用黑光灯、频振式杀虫灯等诱杀成虫，减少田间落卵量，从而减少豆天蛾的发生量。

②化学防治。防治豆天蛾的适期为3龄前，百株幼虫达10头时，每亩用5%高效氯氟氰菊酯1 000～1 500倍液，或5%甲维盐乳油1 500倍液，或20%虫酰肼悬浮剂1 500～2 000倍液，或2.5%溴氰菊酯1 000～1 500倍液进行喷雾防治。由于幼虫有趋光性、昼伏夜出等习性，喷药时应注意喷叶背面，时间应选在下午5点以后。

4. 斜纹夜蛾

（1）别名

莲纹夜蛾、夜盗虫、乌头虫。

（2）危害特征

斜纹夜蛾，属鳞翅目，夜蛾科，是长江流域及其以南大豆产区的主要害

虫，主要以幼虫为害。初孵幼虫在叶背为害，取食叶肉，仅留下表皮；3 龄后幼虫造成叶片缺刻、残缺不堪甚至将叶片全部吃光，蚕食花蕾造成缺损，是一种间隙暴发为害的杂食性害虫。

（3）发生规律

斜纹夜蛾一年发生 4～5 代，以蛹在土下 3～5 cm 处越冬，是一种喜温性害虫，其生长发育最适温度为 28～30℃、相对湿度为 75%～85%，38℃以上高温或冬季低温对卵、幼虫和蛹的发育均不利。初孵幼虫群集为害，啃食叶肉留下表皮，呈窗纱透明状，3 龄以上幼虫有明显的假死性，4 龄幼虫食量剧增，食料不足时有成群迁移的习性，成虫白天潜伏在作物下部、叶背或土壤间隙内等阴暗处，夜晚出来活动。老熟后入土化蛹。

（4）防治方法

①农业防治。成虫有强烈的趋光性和趋化性，在成虫发生盛期，用黑光灯诱杀成虫。及时翻耕空闲田，铲除田边杂草，在幼虫入土化蛹高峰期进行中耕灭蛹，降低田间虫口基数，合理安排种植茬口，避免斜纹夜蛾寄主作物连作，可与水稻轮作。

②化学防治。在卵块孵化到 3 龄幼虫前，可喷施虫瘟 1 号斜纹夜蛾病毒杀虫剂 1 000 倍液，或 1.8%阿维菌素乳油 2 000 倍液，或 10%吡虫啉 WP 1 500 倍液，或 2.5%溴氰菊酯乳油 1 000 倍液。由于幼虫白天不出来活动，喷药宜在傍晚进行，每隔 7～10d 喷施 1 次，连喷 2～3 次。

5. 豆秆黑潜蝇

（1）别名

豆秆蝇、豆秆穿心虫。

（2）危害特征

豆秆黑潜蝇，属双翅目，潜蝇科。主要为害豆科作物，初孵幼虫经叶脉、叶柄的幼嫩部位蛀入主茎，蛀食髓部及木质部，造成茎秆中空，导致水分和养分输送受阻，有机养分积累，刺激细胞增生使根茎肿大，全株出现铁锈色，重者叶脱落而逐渐枯死。若防治不及时，将造成严重减产。

（3）发生规律

在浙江每年发生 6～7 代，主要以蛹和少量幼虫在寄主根部和秸秆上越冬。越冬蛹于 4 月上旬开始羽化，部分蛹可延迟到 6 月初羽化。越冬蛹成活率低，因此第 1 代幼虫基本不造成为害。第 2 代幼虫于 6 月上旬始盛，6 月中旬为高峰期，而蛹和成虫的高峰期不明显，只为害部分迟播的春大豆。第 3 代幼虫于 7 月初始盛，7 月上旬为高峰期，发生趋重，主要为害夏大豆。第 4 代幼虫在 8 月初始发，8 月中旬为高峰期，严重为害夏秋大豆。第 5 代幼虫于 9 月初始发，9 月中旬盛发。第 6 代幼虫于 10 月上旬始发，10 月中旬盛发。第 5、第 6

代为害秋大豆。成虫飞翔力弱，早晚最活跃，多集中在豆株上部叶面活动。成虫产卵于植株中上部叶背近基部主脉附近的表皮下。初孵幼虫先在叶背表皮下潜食叶肉，形成小虫道，经主脉蛀入叶柄，大部分幼虫再往下蛀入分枝及主茎，蛀食髓部和木质部，严重损耗大豆植株机体，影响水分和养分的传输。多雨多湿、田间湿度大时发生严重。

（4）防治方法

①农业防治。大豆收获后，及时清除茎秆、落叶，适当调整播期，错开成虫产卵盛期，以减轻为害。可采用增施基肥、提早播种、适时间苗、轮作换茬等措施。

②化学防治。以苗期防治为重点，可喷施1.8%阿维菌素乳油3 000倍液，或2.5%高效氟氯氰菊酯乳油3 000倍液，或50%辛硫磷乳油1 000倍液。每隔7d喷施1次，连续2～3次。

6. 大豆造桥虫

（1）别名

步曲虫、打弓虫。

（2）危害特征

大豆造桥虫，属鳞翅目，夜蛾科。大豆造桥虫是多种造桥虫的总称，经常为害大豆的有棉大造桥虫、黑点银纹夜蛾、大豆小夜蛾和云纹夜蛾等几种，均以幼虫为害，低龄幼虫仅啃食叶肉，使叶片呈透明网状。随着虫龄增大，食量也逐渐增加，将叶片咬出缺刻或孔洞，甚至全部吃光，对大豆产量影响较大。

（3）发生规律

每年发生3代，在豆田内混合发生。成虫多昼伏夜出，趋光性较强，多在植株茂密的豆田内产卵，卵多产在豆株中上部叶背面。幼虫多在夜间为害，白天不大活动，初龄幼虫多隐蔽在叶背面啃食叶肉，3龄后主要为害上部叶片。幼虫3龄期前为施药适期。

（4）防治方法

①农业防治。从成虫始发期开始，用黑光灯诱杀成虫。

②化学防治。在幼虫3龄期前，百株有幼虫50头时，用5%甲维盐水分散粒剂1 500倍液，或5%高效氯氰菊酯乳油2 000倍液进行均匀喷雾。

三、主要草害防治方法

大豆田主要杂草有马唐、稗草、菟丝子、牛筋草、藜、碎米沙草、狗尾草等，对杂草较多田块，可于播种前5～7d用41%草铵膦水剂200倍液进行喷雾防治。

1. 大豆播种期杂草防治技术

大豆播种后进行土壤封闭除草，夏大豆出苗一般需3～4d，秋大豆出苗一般需5～7d，宜在大豆播种后2d之内喷施芽前除草剂，以禾本科杂草为主的田块，每亩用33%二甲戊灵乳油100 ml，或50%乙草胺乳油100～150ml，兑水40～70kg后对畦面进行细喷雾处理。以马齿苋、反枝苋等阔叶杂草为主的田块，每亩用50%乙草胺乳油100ml+24%乙氧氟草醚乳油10～15 ml，兑水50 kg喷施土壤表面。干旱条件下，应加大用水量。

2. 大豆苗期杂草防治技术

在大豆苗期，施药时视草情、墒情确定用药量，尽量不要喷到大豆叶片上。以禾本科杂草为主的田块，在杂草处于幼苗期时，每亩用5%精喹禾灵乳油50～70ml，或10.8%高效氟吡甲禾灵乳油20～40ml，兑水30kg喷施。以阔叶杂草为主的田块，在杂草处于幼苗期时，每亩用10%乙羧氟草醚乳油10～30ml，或25%三氟羧草醚水剂50ml，或25%氟磺胺草醚水剂50ml，兑水30kg喷施。以禾本科和阔叶草杂生为主的田块，每亩用7.5%禾阔灵乳油80～100ml，或5%精喹禾灵乳油50～75ml+25%三氟羧草醚水剂50ml，兑水30kg喷施。大豆苗期施药宜在杂草基本出齐，且杂草处于幼苗期时及时进行。此外，二苯醚类药剂应在大豆2～4复叶期施药，过早或过晚均易产生药害。

第五章　浙江省鲜食大豆品种介绍

一、鲜食春大豆品种

1. 台湾 75

（1）品种来源

该品种由慈溪市蔬菜开发有限公司从台湾省引入，审定编号浙品认字第271号。

（2）特征特性

该品种播种至采收80～90d。株高60～65cm，株型紧凑，圆叶，有限结荚习性，主茎节15～16个，顶芽分化为花序，平均分枝3～5个，白花，茸毛白色，种皮绿色。该品种表现早熟大粒、宽荚、糯性、甜味、成熟一致等特点，适宜速冻加工。

（3）产量表现

500～650kg/亩。

（4）栽培要点

植株需肥量大，要施足基肥，每亩施复合肥25～30kg，开花结荚后，鼓粒期追施尿素10kg/亩。注意防治病毒病。

（5）适宜种植地区

适宜在浙江省作鲜食春大豆种植。

2. 沪宁 95－1

（1）品种来源

该品种由南京农业大学大豆研究所与上海市农业科学院动植物引种中心通过日本天开峰大豆系统选育而成，审定编号苏审豆200203，引种公告编号浙种引〔2015〕第002号，现为浙江省鲜食春大豆早熟对照品种。

（2）特征特性

该品种生育期79.0d，比对照品种短2.8d。有限结荚习性，株型收敛，叶片卵圆形，白花，灰毛，青荚淡绿色、弯镰形。种皮青色，脐淡褐色。株高31.3cm，主茎节8.1个，有效分枝3.3个。单株有效荚21.5个，每荚2.1粒，

鲜百荚重 222.1g，鲜百粒重 67.0g。该品种丰产性好，熟期较早，品质较优，田间表现较抗病毒病，适宜促早栽培。

（3）产量表现

该品种 2006 年参加鲜食大豆省外引种生产试验，鲜荚平均亩产 603.9kg，比对照品种引豆 9701 增产 10.2%。2009 年参加萧山高产田块田间测产，鲜荚平均亩产 611.3kg。

（4）栽培要点

小拱棚＋地膜覆盖栽培可于 2 月中旬播种，地膜覆盖栽培可于 3 月初播种，种植密度 1.5 万株/亩，基肥为 17%三元复合肥 20kg/亩，早施苗肥，10kg/亩，田间做好病毒病、炭疽病防治工作。

（5）适宜种植地区

适宜在浙江省作早熟鲜食春大豆种植。

3. 浙鲜豆 3 号

（1）品种来源

该品种系浙江省农业科学院作物与核技术利用研究所以台湾 75 为母本，以大粒豆为父本杂交选育而成的鲜食春大豆品种，审定编号浙审豆 2006001。

（2）特征特性

生育期（播种至采收）85.8d，比台湾 75 短 1.4d。有限结荚习性，株高 44.2cm，株型收敛，主茎节 8.7 个，有效分枝 2.1 个，叶片卵圆形、白花、灰毛。单株有效荚 20.2 个，单荚 1.9 粒，鲜百荚重 273.1g，鲜百粒重 82.1g。鲜荚颜色深绿，口味香甜，质地柔糯，食用品质较好；据省区试品质测定，鲜籽粒可溶性总糖含量 2.57%，淀粉含量 3.47%。

（3）产量表现

该品种 2003 年参加浙江省鲜食大豆区试，鲜荚平均亩产 615.7kg，比对照品种矮脚毛豆增产 23.7%，达极显著水平，比对照品种台湾 75 增产 7.0%，未达显著水平。2004 年参加浙江省鲜食大豆区试，鲜荚平均亩产 673.3kg，分别比对照品种矮脚毛豆和台湾 75（CK2）增产 14.2%和 6.6%，均达极显著水平。2005 年参加浙江省鲜食大豆生产试验，鲜荚平均亩产 550.0kg，比对照品种台湾 75 增产 0.5%。

（4）栽培要点

该品种为大粒型品种，栽培时要适当增施氮肥，根据地力适当调节种植密度，视荚色适时采收。

（5）适宜种植地区

适宜在浙江省作鲜食春大豆种植。

4. 浙鲜豆5号

（1）品种来源

该品种系浙江省农业科学院作物与核技术利用研究所以北引2为母本，以湾75为父本杂交选育而成的鲜食春大豆品种，审定编号浙审豆2008001、国审豆2009023，现为国家鲜食春大豆对照品种。

（2）特征特性

该品种生育期85.0d，比台湾75短1.9d。有限结荚习性，株高35.8cm，株型收敛，主茎节8.8个，有效分枝2.7个。叶片卵圆形，白花，灰毛，青荚淡绿色、直葫芦形。单株有效荚26.3个，标准荚长4.9cm、宽1.3cm，每荚1.9粒，鲜百荚重239.8g，鲜百粒重63.1g。口感鲜脆，经农业农村部农产品质量监督检验测试中心检测，淀粉含量3.56%，可溶性总糖含量3.06%。经南京农业大学国家大豆改良中心病毒接种鉴定，大豆花叶病毒SC3株系病指5，抗SC3株系；SC7株系病指61，感SC7株系。

（3）产量表现

该品种2005年参加浙江省鲜食大豆区试，鲜荚平均亩产694.6kg，比对照品种台湾75增产24.3%，达极显著水平。2006年参加浙江省区试，鲜荚平均亩产554.0kg，比对照品种台湾75增产4.8%。2006年参加浙江省生产试验，鲜荚平均亩产523.0kg，比对照品种台湾75增产12.0%。

（4）栽培要点

适宜播期为3月下旬至4月中旬，种植密度1.4万株/亩左右。

（5）适宜种植地区

适宜在浙江、江苏、安徽、北京、上海和南昌、长沙、武汉、成都、南宁、广州、昆明、贵阳、海口市作鲜食春大豆种植。

5. 浙农6号

（1）品种来源

该品种系浙江省农业科学院蔬菜研究所以台湾75为母本，以2808为父本杂交选育而成的鲜食春大豆品种，审定编号浙审豆2009001，现为浙江省鲜食春大豆对照品种。

（2）特征特性

该品种生育期86.4d，比台湾75短3.8d。有限结荚习性，株型收敛，株高36.5cm，主茎节8.5个，有效分枝3.7个。叶片卵圆形，白花，灰毛，青荚绿色、微弯镰形。单株有效荚20.3个，标准荚长6.2cm、宽1.4cm，每荚2.0粒，鲜百荚重294.2g，鲜百粒重76.8g。经农业农村部农产品质量监督检验测试中心检测，淀粉含量5.2%，可溶性总糖含量3.8%，口感柔糯略带甜，品质优，适宜速冻加工出口。经南京农业大学国家大豆改良中心接种鉴定，

大豆花叶病毒 SC3 株系病指 63.5，感 SC3 株系；SC7 株系病指 52.5，感 SC7 株系。

（3）产量表现

该品种 2007 年参加浙江省鲜食大豆区试，鲜荚平均亩产 699.0kg，比对照品种台湾 75 增产 12.1%，达显著水平。2008 年参加浙江省区试，鲜荚平均亩产 636.7kg，比对照品种增产 18.8%，达显著水平。两年区试鲜荚平均亩产 667.9kg，比对照品种增产 12.5%。2009 年参加浙江省生产试验，鲜荚平均亩产 693.4kg，比对照品种增产 11.9%。

（4）栽培要点

适宜播种期为 3 月中下旬到 4 月上中旬，种植密度 1.2 万株/亩左右。基肥为硫酸钾复合肥 15～20kg/亩；真叶开始展开时施 1 次提苗肥，每亩浇施 5%农家有机液肥或 0.5%碳酸氢铵和过磷酸钙；全苗后适时中耕 1 次，并追施苗肥，以促缓苗；开花结荚后，重施花荚肥，一般亩施尿素 10～20kg，分花后和鼓粒期 2 次追肥。

（5）适宜种植地区

适宜在浙江省作鲜食春大豆种植。

6. 浙农 8 号

（1）品种来源

该品种由浙江省农业科学院蔬菜研究所以辽鲜 1 号为母本，以台湾 292 为父本杂交选育而成，审定编号浙审豆 2009002。

（2）特征特性

该品种生育期 85.0d，比台湾 75 短 5.2d。有限结荚习性，株型收敛，株高 27.2cm，主茎节 7.7 个，有效分枝 3.8 个。叶片卵圆形，大小中等，白花，灰毛，青荚绿色、微弯镰形。单株有效荚 22.0 个，标准荚长 5.2cm、宽 1.3cm，平均每荚 2.1 粒，鲜百荚重 254.2g，鲜百粒重 70.3g。经农业农村部农产品质量监督检验测试中心检测，淀粉含量 4.2%，可溶性总糖含量 2.3%，口感较糯，品质较优。经南京农业大学国家大豆改良中心接种鉴定，大豆花叶病毒 SC3 株系病指 5.0，抗 SC3 株系；SC7 株系病指 27.0，中抗 SC7 株系。

（3）产量表现

该品种 2007 年参加浙江省鲜食大豆区试，鲜荚平均亩产 699.0kg，比对照品种台湾 75 增产 12.1%，达显著水平。2008 年参加浙江省区试，鲜荚平均亩产 570.2kg，比对照品种增产 6.4%，未达显著水平。两年区试鲜荚平均亩产 637.4kg，比对照品种增产 9.7%。2009 年参加浙江省生产试验，鲜荚平均亩产 704.4kg，比对照品种增产 13.7%。

（4）栽培要点

3月中下旬至4月上中旬播种，亩用种量约6kg，苗期应早管促早发。

（5）适宜种植地区

适宜在浙江省作早熟鲜食春大豆种植。

7. 浙鲜豆8号

（1）品种来源

该品种系浙江省农业科学院作物与核技术利用研究所以4904074为母本，以台湾75为父本杂交选育而成的鲜食春大豆中晚熟品种，审定编号浙审豆2012001。

（2）特征特性

该品种生育期94d，比台湾75短0.4d。有限结荚习性，株高35.9cm，株型收敛，主茎节8.7个，有效分枝2.4个。叶片卵圆形，白花，灰毛，青荚深绿色、镰刀形。单株有效荚24.7个，标准荚长6.1cm、宽1.47cm，每荚2.0粒，鲜百荚重299.1g，鲜百粒重85.5g，鲜豆口感香甜柔糯，种皮绿色。据农业农村部农产品质量监督检验测试中心检测，淀粉含量4.29%，可溶性总糖含量2.55%。经南京农业大学国家大豆改良中心接种鉴定，抗大豆花叶病毒SC3、SC7株系。

（3）产量表现

该品种2010年参加浙江省鲜食区试，鲜荚平均亩产640.1kg，比对照品种台湾75增产11.5%，达显著水平。两年区试鲜荚平均亩产679.2kg，比对照品种增产12.9%。2011年参加浙江省生产试验，鲜荚平均亩产552.5kg，比对照品种增产19.7%。

（4）栽培要点

适宜播种期为3月下旬至4月中旬，种植密度1.4万株/亩左右。一般每亩用复合肥10～15kg、硼砂0.75～1kg作基肥，齐苗时每亩施尿素3～5kg，结荚期每亩施用复合肥5～7.5kg，在鼓粒中后期喷施磷酸二氢钾。要注重防治蚜虫，防治病毒病。

（5）适宜种植地区

适宜在浙江省作鲜食大豆种植。

8. 浙鲜9号

（1）品种来源

该品种系浙江省农业科学院作物与核技术利用研究所利用台湾75经航天诱变选育而成的鲜食春大豆品种，审定编号浙审豆2015001。

（2）特征特性

该品种生育期85d，比对照品种短0.4d。有限结荚习性，株型收敛，株高

33.8cm，主茎节8.6个，有效分枝2.4个。叶片卵圆形，白花，灰毛，青荚淡绿色、弯镰刀形。单株有效荚19.5个，标准荚长6.4cm、宽1.4cm，每荚2.0粒，鲜百荚重316.7g，鲜百粒重88.6g。籽粒圆形，种皮绿色，子叶黄色，脐黄色。鲜豆口感香甜柔糯，适宜速冻加工。经农业部农产品及转基因产品质量安全监督检验测试中心（杭州）2012—2013年检测，淀粉含量4.69%，可溶性总糖含量2.88%。经南京农业大学国家大豆改良中心接种鉴定，中抗大豆花叶病毒SC15株系，中感SC18株系。

（3）产量表现

该品种2012年参加浙江省鲜食大豆区试，鲜荚平均亩产656.1kg，比对照品种台湾75增产19.1%，达显著水平。2013年参加续试，鲜荚平均亩产593.5kg，比对照品种减产0.3%，未达显著水平。两年区试鲜荚平均亩产624.8kg，比对照品种增产9.4%。2014年参加浙江省生产试验，鲜荚平均亩产654.8kg，比对照品种浙鲜豆8号增产6.0%。

（4）栽培要点

适宜播种期为3月下旬至4月中旬，种植密度1.2万株/亩左右。要注重防治蚜虫，防治病毒病。

（5）适宜种植地区

适宜在浙江省作鲜食春大豆种植。

9. 浙鲜12

（1）品种来源

该品种由浙江省农业科学院作物与核技术利用研究所以品系H0427为母本，以沪宁95-1为父本杂交选育而成，审定编号浙审豆2017002。

（2）特征特性

该品种两年区试生育期平均79.5d，比对照品种短6.0d。有限结荚习性，株型收敛，株高37.0cm，主茎节9.2个，有效分枝2.9个。叶片卵圆形，白花，灰毛，青荚淡绿色、弯镰形。单株有效荚24.0个，标准荚长5.4cm、宽1.3cm，每荚2.1粒，鲜百荚重261.8g，鲜百粒重72.3g。经南京农业大学接种鉴定，感大豆花叶病毒SC15，中感SC18株系。经农业农村部农产品及加工品质量安全监督检验测试中心（杭州）检测，淀粉含量4.3%，可溶性总糖含量2.7%。

（3）产量表现

该品种2014年参加浙江省鲜食大豆区域试验，鲜荚平均亩产658.5kg，比对照品种浙鲜豆8号减产0.2%，未达显著水平。2015年鲜荚平均亩产656.9kg，比对照品种增产5.1%，未达显著水平。两年区试鲜荚平均亩产657.7kg，比对照品种增产2.4%。2016年参加生产试验，鲜荚平均亩产

550.6kg，比对照品种浙鲜豆 8 号减产 1.7%。

（4）栽培要点

施足基肥，苗期加强管理促早发，种植密度每亩 1.5 万株，苗期注意防治蚜虫。鼓粒后期追施氮肥，及时采收。

（5）适宜种植地区

适宜在浙江省作早熟鲜食大豆种植。

10. 衢春豆 1 号

（1）品种来源

该品种系衢州市农业科学研究院以浙农 6 号为母本，以沈鲜 3 号为父本杂交选育而成的鲜食春大豆中晚熟品种，审定编号浙审豆 2017001。

（2）特征特性

该品种两年区试生育期平均 82.6d，比对照品种短 2.9d。有限结荚习性，株型收敛，株高 41.5cm，主茎节 8.5 个，有效分枝 3.1 个。叶片卵圆形，白花，灰毛，青荚绿色、弯镰形。单株有效荚 25.6 个，标准荚长 5.8cm、宽 1.3cm，每荚 2.0 粒，鲜百荚重 264.7g，鲜百粒重 73.5g。经农业部农产品及转基因产品质量安全监督检验测试中心（杭州）2015 年检测，淀粉含量 4.0%，可溶性总糖含量 1.6%。经南京农业大学接种鉴定，抗大豆花叶病毒 SC15、SC18 株系。

（3）产量表现

该品种 2014 年参加浙江省鲜食大豆区域试验，鲜荚平均亩产 683.5kg，比对照品种浙鲜豆 8 号增产 3.6%，未达显著水平。2015 年鲜荚平均亩产 712.9kg，比对照品种增产 14.1%，达极显著水平。两年区试鲜荚平均亩产 698.2kg，比对照品种增产 8.7%。2016 年参加生产试验，鲜荚平均亩产 635.5kg，比对照品种浙鲜豆 8 号增产 13.5 %。

（4）栽培要点

适宜播种期为 3 月中下旬至 4 月中旬，种植密度 1.2 万株/亩左右。施足基肥，增施磷钾肥，适时采收。

（5）适宜种植地区

适宜在浙江省作中晚熟鲜食春大豆种植。

11. 浙鲜 16

（1）品种来源

该品种由浙江省农业科学院作物与核技术利用研究所以品系 2818 为母本，以沪宁 95－1 为父本杂交选育而成，审定编号浙审豆 2018001。

（2）特征特性

该品种两年区试生育期平均 77.1d，比对照品种短 4.1d。有限结荚习性，

株型收敛，株高 39.9cm，主茎节 9.0 个，有效分枝 3.0 个。叶片卵圆形，白花，灰毛，青荚绿色、弯镰形。单株有效荚 28.0 个，每荚 1.9 粒，鲜百荚重 270.9g，鲜百粒重 76.7g。标准荚长 4.7cm、宽 1.3cm。

（3）产量表现

该品种 2016 年区试鲜荚平均亩产 672.6kg，比对照品种浙鲜豆 8 号增产 15.9%，差异极显著。2017 年区试鲜荚平均亩产 673.5kg，比对照品种增产 5.1%，差异不显著。两年区试鲜荚平均亩产 673.1kg，比对照品种增产 10.3%。2017 年参加生产试验，鲜荚平均亩产 628.2kg，比对照品种增产 3.4%。

（4）栽培要点

适宜在 3 月下旬到 4 月初播种，种植密度 1.3 万株/亩左右。

（5）适宜种植地区

适宜在浙江省作鲜食春大豆种植。

12. 浙鲜 19

（1）品种来源

该品种由浙江省农业科学院作物与核技术利用研究所以浙鲜豆 5 号为母本，以开新绿为父本杂交选育而成，审定编号浙审豆 2019001。

（2）特征特性

该品种两年区试生育期平均 77.2d，比对照品种长 1.3d。亚有限结荚习性，株型收敛，株高 58.4cm，主茎节 10.8 个，有效分枝 2.1 个。叶片卵圆形偏尖，叶色深绿，结荚分散，鲜荚绿色、镰刀形，荚型中等，茸毛灰色。单株有效荚 25.9 个，每荚 2.1 粒，鲜百荚重 296.1g，鲜百粒重 76.1g。标准荚长 5.3cm、宽 1.3cm。适宜晚春初夏播种，耐高温。

（3）产量表现

该品种 2017 年区试鲜荚平均亩产 667.2kg，比对照品种浙鲜豆 8 号增产 4.1%，差异显著。2018 年区试鲜荚平均亩产 746.6kg，比对照品种增产 1.4%，差异不显著。两年区试鲜荚平均亩产 706.9kg，比对照品种增产 2.7%。2018 年参加生产试验，鲜荚平均亩产 755.6 kg，比对照品种增产 0.9%。

（4）栽培要点

适宜晚春初夏播种，种植密度 1.2 万株/亩左右，注意防治炭疽病。

（5）适宜种植地区

适宜在浙江省作晚熟鲜食春大豆种植。

13. 浙鲜 18

（1）品种来源

该品种由浙江省农业科学院作物与核技术利用研究所以品系 39002 为母本，以极早 1 号为父本杂交选育而成，审定编号浙审豆 2019002。

（2）特征特性

该品种两年区试生育期平均 77.7d，比对照品种短 3.5d。有限结荚习性，株型收敛，株高 43.7cm，主茎节 8.7 个，有效分枝 2.9 个。叶片卵圆形，结荚性好且集中，荚形较直，鲜荚浅绿，荚型中等，茸毛灰色。单株有效荚 27.0 个，每荚 2.0 粒，鲜百荚重 284.8g，鲜百粒重 79.8g。标准荚长 5.1cm、宽 1.4cm。

（3）产量表现

该品种 2016 年区试鲜荚平均亩产 615.2kg，比对照品种浙鲜豆 8 号增产 6.0%，差异不显著。2017 年区试鲜荚平均亩产 704.8kg，比对照品种增产 10.0%，差异极显著。两年区试鲜荚平均亩产 660.0kg，比对照品种增产 8.1%。2018 年参加生产试验，鲜荚平均亩产 789.8 kg，比对照品种增产 5.5%。

（4）栽培要点

种植密度 1.2 万株/亩左右，注意防治花叶病毒病。

（5）适宜种植地区

适宜在浙江省作鲜食春大豆种植。

14. 浙农 11

（1）品种来源

该品种由浙江省农业科学院蔬菜研究所、浙江勿忘农种业股份有限公司以浙农 8 号为母本，以 GX－6 为父本杂交选育而成，审定编号浙审豆 2020001。

（2）特征特性

该品种两年区试生育期平均 76.1d，比对照品种浙农 6 号长 0.7d。有限结荚习性，株型收敛，株高 35.4cm，主茎节 9.6 个，有效分枝 4.1 个。叶片卵圆形，叶色深绿，结荚分散，鲜荚绿色、镰刀形，荚型中等，茸毛灰色。单株有效荚 34.9 个，每荚 2.2 粒，鲜百荚重 334.2g，鲜百粒重 79.2g。标准荚长 5.1cm、宽 1.3cm，标准荚率 72.3%。经农业农村部农产品及加工品质量安全监督检验测试中心（杭州）2018—2019 年检测，平均淀粉含量 4.16%，可溶性总糖含量 2.5%。品质品尝评分平均 83.96。经南京农业大学 2018—2019 年接种鉴定，大豆花叶病毒 SC15 株系最高病指 50，为中感；SC18 株系最高病指 50，为中感。经福建省农业科学院植物保护研究所 2018—2019 年接种鉴定，炭疽病最高病指 32.76，为中感。

（3）产量表现

该品种 2018 年区试鲜荚平均亩产 848.6kg，比对照品种浙农 6 号增产 12.6%，差异显著，增产点率 85.7%。2019 年区试鲜荚平均亩产 872.5kg，

比对照品种增产7.4%，差异显著，增产点率85.7%。两年区试鲜荚平均亩产860.5kg，比对照品种增产9.9%。2019年参加同步生产试验，鲜荚平均亩产856.2kg，比对照品种增产10.1%，增产点率71.4%。

（4）栽培要点

春季露地种植3月下旬至4月上旬播种，适当控肥，种植密度1.2万株/亩左右。

（5）适宜种植地区

适宜在浙江省作鲜食春大豆种植。

15. 浙农15号

（1）品种来源

该品种由浙江省农业科学院蔬菜研究所、浙江勿忘农种业股份有限公司以辽鲜1号为母本，以JP57－1为父本杂交选育而成，审定编号浙审豆2021001。

（2）特征特性

该品种两年区试生育期平均77.4d，比对照品种浙农6号长1.9d。有限结荚习性，株型收敛，株高32.5cm，底荚高度6.1cm，主茎节9.3个，有效分枝3.8个。叶片卵圆形，叶色深绿，白花，结荚分散，鲜荚绿色、镰刀形，荚型中等，茸毛灰色。种皮浅绿色，种脐浅黄色。单株有效荚29.9个，标准荚长5.1cm、宽1.4cm，每荚2.1粒，鲜百荚重374.2g，鲜百粒重91.7g，标准荚率73.5%。经农业农村部农产品及加工品质量安全监督检验测试中心（杭州）检测，平均淀粉含量3.84%，可溶性总糖含量2.70%。品质品尝评分平均84.14。经南京农业大学接种鉴定，大豆花叶病毒SC15株系最高病指50，为中感；SC18株系最高病指38，为中感。经福建省农业科学院植物保护研究所接种鉴定，炭疽病最高病指28.90，为中感。

（3）产量表现

该品种2018年区试鲜荚平均亩产799.6kg，比对照品种浙农6号增产6.1%，差异极显著，增产点率57.1%。2019年区试鲜荚平均亩产838.5kg，比对照品种增产3.2%，差异显著，增产点率71.4%。两年区试鲜荚平均亩产819.0kg，比对照品种增产4.6%。2020年参加生产试验，鲜荚平均亩产717.7kg，比对照品种增产8.8%，增产点率100%。

（4）栽培要点

春季露地种植3月中旬到4月初播种，种植密度1.2万株/亩左右，注意防治炭疽病。

（5）适宜种植地区

适宜在浙江省作鲜食春大豆种植。

16. 浙农 16

(1) 品种来源

该品种由浙江省农业科学院蔬菜研究所、浙江勿忘农种业股份有限公司以浙农 8 号为母本，以 JP55 为父本杂交选育而成，审定编号浙审豆 2022001。

(2) 特征特性

该品种两年区试生育期平均 81.6d，比对照品种浙农 6 号长 1.0d。有限结荚习性，株型收敛，株高 30.3cm，底荚高度 6.5cm，主茎节 7.7 个，有效分枝 3.2 个。叶片卵圆形，叶色深绿，白花，结荚分散，鲜荚绿色、镰刀形，荚型中等，茸毛灰色。种皮浅绿色，种脐浅黄色。单株有效荚 28.4 个，标准荚长 5.4cm、宽 1.4cm，每荚 2.0 粒，鲜百荚重 311.1g，鲜百粒重 73.8g，标准荚率 69.4%。经农业农村部农产品及加工品质量安全监督检验测试中心（杭州）2020—2021 年检测，平均淀粉含量 4.8%，可溶性总糖含量 1.8%。品质品尝评分平均 85.1。经南京农业大学 2020—2021 年接种鉴定，大豆花叶病毒 SC15 株系最高病指 0，为高抗；SC18 株系最高病指 0，为高抗。经福建省农业科学院植物保护研究所 2020—2021 年接种鉴定，炭疽病最高病指 54.84，为感病。

(3) 产量表现

该品种 2020 年区试鲜荚平均亩产 777.0kg，比对照品种浙农 6 号增产 10.9%，差异极显著，增产点率 100.0%。2021 年区试鲜荚平均亩产 876.9kg，比对照品种增产 9.2%，差异极显著，增产点率 75.0%。两年区试鲜荚平均亩产 827.0kg，比对照品种增产 10.0%。2021 年参加生产试验，鲜荚平均亩产 824.4kg，比对照品种增产 7.4%，增产点率 83.3%。

(4) 栽培要点

春季露地种植 3 月中旬到 4 月初播种，种植密度 1.2 万株/亩左右，重施基肥，注意防治炭疽病。

(5) 适宜种植地区

适宜在浙江省作鲜食春大豆种植。

17. 浙农 17

(1) 品种来源

该品种由浙江省农业科学院蔬菜研究所、浙江勿忘农种业股份有限公司以春丰早为母本，以浙农 8 号为父本杂交选育而成，审定编号浙审豆 2022002。

(2) 特征特性

该品种两年区试生育期平均 74.3d，比对照品种沪宁 95－1 长 4.3d。有限结荚习性，株型收敛，株高 40.0cm，底荚高度 7.3cm，主茎节 8.8 个，有效分枝 3.2 个。叶片卵圆形，叶色深绿，白花，结荚集中，鲜荚绿色、镰刀形，

荚型较大，茸毛灰色。种皮浅绿色，种脐浅黄色。单株有效荚28.7个，标准荚长5.4cm、宽1.4cm，每荚2.0粒，鲜百荚重298.0g，鲜百粒重78.4g，标准荚率69.6%。经农业农村部农产品及加工品质量安全监督检验测试中心（杭州）2020—2021年检测，平均淀粉含量5.4%，可溶性总糖含量2.1%。品质品尝评分平均83.1。经南京农业大学2020—2021年接种鉴定，大豆花叶病毒SC15株系最高病指50，为中感；SC18株系最高病指38，为中感。经福建省农业科学院植物保护研究所2020—2021年接种鉴定，炭疽病最高病指59.83，为感病。

（3）产量表现

该品种2020年区试鲜荚平均亩产770.6kg，比对照品种沪宁95－1增产14.7%，差异极显著，增产点率85.7%。2021年区试鲜荚平均亩产735.6kg，比对照品种增产10.3%，差异极显著，增产点率87.5%。两年区试鲜荚平均亩产753.1kg，比对照品种增产12.5%。2021年参加生产试验，鲜荚平均亩产711.6kg，比对照品种增产7.3%，增产点率83.3%。

（4）栽培要点

春季露地种植3月中旬到4月初播种，种植密度1.5万株/亩左右，重施基肥，早施苗肥，注意防治炭疽病。

（5）适宜种植地区

适宜在浙江省作鲜食春大豆种植。

二、鲜食夏秋大豆品种

1. 夏丰2008

（1）品种来源

该品种是浙江省农业科学院蔬菜研究所选育的鲜食夏大豆品种，审定编号浙品审字第346号。

（2）特征特性

株高约60cm，主茎节7～9个，分枝3～4个，叶片卵圆形，紫花，灰毛，单株结荚28～34个，荚绿色，二粒荚居多，有部分一、三粒荚，鲜百荚重240g，鲜百粒重68g。播种至采收鲜荚80d，有限结荚习性，株型较紧凑。

（3）产量表现

一般亩产鲜荚530kg。

（4）栽培要点

芒种至6月中旬晴天播种，穴播3～4粒，留苗2～3株，全苗后适时中耕1次。施足基肥，亩施过磷酸钙35～40kg、钾肥7.5～10kg，或复合肥35～

40kg；适施苗肥；开花结荚后，重施花荚肥，亩施尿素30～35kg，分花后和膨大期2次追肥。

（5）适宜种植地区

适宜在浙江省作鲜食夏大豆种植。

2. 衢鲜2号

（1）品种来源

该品种系浙江省衢州市农业科学研究所以诱处4号为母本，以上海香豆为父本杂交选育而成的鲜食夏秋大豆品种，审定编号浙审豆2007001。

（2）特征特性

该品种两年区试夏播生育期（播种至鲜荚采收）81.7d，比对照品种短2.0d。有限结荚习性，株高56.7cm，主茎较粗壮，主茎节14.4个，叶片卵圆形，白花，灰毛，结荚性好，单株有效荚33.7个，单荚2.2粒，三粒荚比例较高，荚宽粒大，鲜百荚重291.9g，鲜百粒重69.0g。鲜荚商品性好，食味糯甜，略带香味，口感好，粮蔬兼用。种皮黄色，脐淡褐色，干籽百粒重36g。据农业农村部油料及制品质量监督检验测试中心检测，干籽含油量18.91%，蛋白质含量42.04%（换算系数5.71%）。据农业农村部农产品及加工品质量安全监督检验测试中心（杭州）检测，鲜豆淀粉含量2.95%，可溶性糖含量1.97%。

（3）产量表现

该品种2004年参加衢州市夏季菜用大豆区试，鲜荚平均亩产843.7kg，比对照品种六月半增产7.7%，达显著水平。2005年参加衢州市区试，鲜荚平均亩产868.5kg，比对照品种六月半增产11.5%，达极显著水平。2006年参加衢州市夏季菜用大豆生产试验，鲜荚平均亩产866.1kg，比对照品种六月半增产16.7%。

（4）栽培要点

作夏大豆种植，适宜播种期为6月20日至7月上旬；作秋大豆种植，适宜播种期为7月中旬至7月底。夏播密度0.8万～1.0万株/亩，秋播密度1.2万株/亩左右。要加强肥水管理、病虫防治，适时采收。

（5）适宜种植地区

适宜在浙江省作鲜食夏秋大豆种植。

3. 衢鲜3号

（1）品种来源

该品种系浙江省衢州市农业科学研究院以衢夏引4号为母本，以上海香豆为父本杂交选育而成的夏播早中熟鲜食大豆品种，审定编号为国审豆2009024，现为国家鲜食大豆夏播组早熟对照品种。

（2）特征特性

该品种生育期（播种至鲜荚采收）89d。白花、灰毛。株高78.2cm，主茎节18.5个，分枝1.7个，单株荚35.2个，单株鲜荚重77.1g，每500g标准荚178个，荚长×荚宽为5.4cm×1.4cm，标准荚率61.7%，鲜百粒重67.4g。经感官品质鉴定，属香甜柔糯型，粮蔬兼用。鲜荚绿色，种皮黄色。经南京农业大学国家大豆改良中心接种鉴定，中感大豆花叶病毒SC3、SC7株系。

（3）产量表现

该品种2007年参加国家鲜食大豆夏播组品种区域试验，亩产鲜荚785.0kg，比对照品种新六青增产14.6%，达极显著水平。2008年参加续试，亩产鲜荚748.6kg，比对照品种增产3.7%。两年区域试验鲜荚平均亩产766.8kg，比对照品种增产9.0%。2008年参加生产试验，亩产鲜荚628.4kg，比对照品种增产3.4%。

（4）栽培要点

该品种适宜播种期为6月上旬至7月上旬，种植密度0.8万～1.0万株/亩。施肥应以基肥为主，增施磷钾肥，基肥一般为复合肥30kg/亩，苗期追施复合肥10kg/亩，始花期根据田间长势施好花荚肥。夏大豆生育期间常受干旱危害，影响大豆生长与灌浆，应根据天气灌1～2次跑马水。对生长过旺易出现倒伏的田块，在初花期可每亩喷施浓度为50mg/L的烯效唑药液50kg。特别要注重防治蚜虫，防治病毒病。

（5）适宜种植地区

适宜在浙江、江苏、江西省及湖北武汉、安徽铜陵地区作夏播鲜食大豆早中熟品种种植。

4. 浙鲜84

（1）品种来源

该品种系浙江省农业科学院作物与核技术利用研究所以广东白毛为母本，以V99-5089为父本杂交选育而成的鲜食夏秋大豆品种，审定编号浙审豆2018002、国审豆20190031。

（2）特征特性

该品种夏播生育期平均96d，比对照品种绿宝珠长1d。有限结荚习性，株型收敛。株高74.8cm，主茎节16.9个，有效分枝1.9个，单株有效荚29.0个。卵圆叶，紫花，灰毛。籽粒扁圆形，种皮黄色、无光，种脐褐色，子叶黄色。多粒荚率58.5%，单株鲜荚重82.6g，每500g标准荚155个，标准二粒荚荚长×荚宽为6.4cm×1.5cm，标准荚率62.1%，鲜百粒重84.3g。经接种鉴定，中抗花叶病毒3号株系，中感花叶病毒7号株系，中感炭疽病。口感鉴定为香甜柔糯型，A级。

（3）产量表现

该品种2016—2017年参加鲜食大豆夏播组品种区域试验，两年鲜荚平均亩产774.4kg，比对照品种绿宝珠增产4.0%。2018年参加生产试验，鲜荚平均亩产735.3kg，比对照品种绿宝珠增产5.0%。

（4）栽培要点

6—7月播种，高肥力地块8 000株/亩，中等肥力地块10 000株/亩，低肥力地块1.3万株/亩；亩施氮磷钾三元复合肥30kg作基肥，初花期每亩追施复合肥20kg。

（5）适宜种植地区

适宜在上海、湖北武汉、江苏南京、四川南充地区作鲜食夏大豆种植，在浙江作鲜食夏秋大豆种植。

5. 衢鲜1号

（1）品种来源

该品种系浙江省衢州市农业科学研究所以毛蓬青为母本，以上海香豆为父本杂交选育而成的鲜食秋大豆品种，审定编号浙审豆2004002，被评为浙江省“十二五”十大好品种。

（2）特征特性

该品种丰产性较好，适当早播，有利于早上市，提高种植效益。秋播鲜食生育期80d左右，收干籽全生育期100d左右。有限结荚习性，株高43.2cm，主茎较粗壮，主茎节11.8个。叶片椭圆形，中等大小，白花，灰毛。分枝性中等，为1.5个；单株结荚22.2个，以二粒荚为主，干荚黄褐色。种皮绿色，脐淡褐，干籽百粒重34.6g。该品种荚宽粒大，鲜百荚重283.8g，鲜百粒重74.3g，鲜荚翠绿，商品性好，食味糯甜，略带香味，口感好。经浙江省区试品质测定，含油量17.9%，蛋白质含量42.1%（换算系数5.71%）。2003年鲜豆经品质测定，淀粉含量2.21%，可溶性糖含量1.42%。

（3）产量表现

该品种2000年、2001年参加浙江省秋大豆区试，干籽平均亩产分别为116.9kg和125.3kg，比对照品种丽秋1号分别减产15.1%和增产16.3%。2003年参加浙江省鲜食大豆生产试验，鲜荚平均亩产658.2kg，比对照品种六月半增产27.8%。各地生产上的试种示范，鲜荚亩产700kg左右。

（4）栽培要点

该品种适宜播种期为7月中旬，最迟不宜超过8月20日。秋播密度0.8万～1万株/亩，秋延后种植密度1.3万株/亩左右。基肥一般为复合肥

30kg/亩，苗期追施复合肥 10kg/亩，始花期根据田间长势施好花荚肥。秋大豆生育期间常受干旱危害，影响大豆生长与灌浆，应根据天气情况灌 1～2 次跑马水，确保大豆正常生长。

（5）适宜种植地区

适宜在浙江省作鲜食秋大豆种植。

6. 萧农秋艳

（1）品种来源

该品种系浙江勿忘农种业股份有限公司和杭州市萧山区农业技术推广中心从六月半系统选育的鲜食秋大豆，审定编号浙审豆 2011002。

（2）特征特性

生育期（播种至鲜荚采收）78.8d，比对照品种衢鲜 1 号短 1.9d。有限开花结荚习性，株型收敛，主茎节 11～12 节，有效分枝 3.1 个。叶片卵圆形，紫花，灰毛，分布较密。豆荚弯镰形，鲜荚深绿色。单株有效荚 27.7 个，标准荚长 5.5cm、宽 1.3cm，每荚 1.8 粒，鲜百荚重 280.2g。籽粒为椭圆形，粒形较大，鲜百粒重 81.7g，鲜豆口感香甜柔糯。种皮为淡绿色，种脐淡褐色，子叶黄色，幼苗茎基呈紫红色。据农业部农产品质量监督检验测试中心 2008 年和 2009 年检测，两年平均淀粉含量 3.9%，可溶性糖含量 2.63%。经南京农业大学国家大豆改良中心接种鉴定，感大豆花叶病毒 SC3、SC7 株系。

（3）产量表现

该品种 2008 年参加浙江省鲜食秋大豆区试，鲜荚平均亩产 613.6kg，比对照品种衢鲜 1 号增产 11.6%，未达显著水平。2009 年鲜荚平均亩产 526.2kg，比对照品种增产 2.5%，未达显著水平。2010 年鲜荚平均亩产 655.8kg，比对照品种增产 10.2%。3 年鲜荚平均亩产 598.5kg，比对照品种增产 8.1%。2010 年参加浙江省鲜食秋大豆生产试验，鲜荚平均亩产 743.4kg，比对照品种衢鲜 1 号增产 9.6%。

（4）栽培要点

适宜播期为 7 月下旬至 8 月上旬，延后栽培可推迟到 8 月 10—15 日播种，一般种植密度 0.8 万～1 万株/亩，延后栽培密度 1.2 万～1.4 万株/亩。基肥一般为复合肥 30kg/亩，苗期追肥复合肥 10kg/亩，始花期根据田间长势施好花荚肥。在开花初期叶面喷施硼肥，在鼓粒中后期喷施磷酸二氢钾。苗期注意清沟排水，防暴雨淹苗；花荚期遇高温晴旱天气，夜灌半沟跑马水，抗旱保湿，减少花荚脱落，促进结荚鼓粒。

（5）适宜种植地区

适宜在浙江省作鲜食秋大豆种植。

7. 衢鲜5号

（1）品种来源

该品种系浙江省衢州市农业科学研究所以诱处4号/衢州白花豆//海宁豆杂交选育而成的鲜食秋大豆品种，审定编号浙审豆2011003，现为浙江省鲜食秋大豆对照品种。

（2）特征特性

该品种生育期80d左右。有限结荚习性，主茎较粗壮，主茎节13.1个。叶片卵圆形，中等大小，紫花，灰毛。分枝较多，为3.8个；单株有效荚32.0个，结荚性较好，以二粒荚为主。种皮绿色，脐淡褐。鲜百荚重258.4g，鲜百粒重65.8g，标准荚长5.3cm、宽1.3cm。鲜荚绿色，商品性好，食味鲜，口感好。据农业农村部农产品及加工品质量监督检验测试中心检测，平均淀粉含量3.9%，可溶性总糖含量2.55%。经南京农业大学接种鉴定，中感大豆花叶病毒SC3株系，感SC7株系。

（3）产量表现

该品种2008年参加浙江省鲜食秋大豆区试，鲜荚平均亩产641.5kg，比对照品种衢鲜1号增产16.7%，达极显著水平。2009年鲜荚平均亩产514.7kg，比对照品种增产0.2%，未达显著水平。2010年鲜荚平均亩产658.6kg，比对照品种增产10.7%。3年鲜荚平均亩产604.9kg，比对照品种增产9.2%。2010年参加浙江省鲜食秋大豆生产试验，鲜荚平均亩产699.1kg，比对照品种增产3.1%。

（4）栽培要点

适宜播期为7月10日至8月15日，种植密度1万株/亩左右，迟播适当增加密度（最高不超过1.5万株/亩）。

（5）适宜种植地区

适宜在浙江省作鲜食秋大豆种植。

8. 衢鲜6号

（1）品种来源

该品种系浙江省衢州市农业科学研究院、浙江龙游县五谷香种业有限公司以早熟毛蓬青为母本，以七月拔为父本杂交选育而成的鲜食秋大豆品种，审定编号浙审豆2015002。

（2）特征特性

该品种两年区试生育期平均79d，比对照品种衢鲜1号短0.5d。有限结荚习性，株型收敛，株高59.9cm，主茎12.8节，分支1.9个。叶片卵圆形，紫花，灰毛，结荚性好，单株荚28.6个，标准荚长5.8cm、宽1.3cm，单荚2.1粒。种皮黄色，脐色淡褐。鲜百荚重260.8g，鲜百粒重71.7g，鲜

荚绿色，口感鲜脆，粮蔬兼用。经农业部农产品及转基因产品质量安全监督检验测试中心（杭州）2012—2013年检测，淀粉含量4.23%，可溶性糖含量3.44%。经南京农业大学两年接种鉴定，中抗大豆花叶病毒SC15、SC18株系。

（3）产量表现

该品种2012年参加浙江省鲜食秋大豆区域试验，鲜荚平均亩产822.8kg，比对照品种衢鲜1号增产7.6%，未达显著水平。2013年区试鲜荚平均亩产673.5kg，比对照品种增产6.9%，未达显著水平。两年区试鲜荚平均亩产748.2kg，比对照品种增产7.3%。2014年参加生产试验，鲜荚平均亩产547.5kg，比对照品种增产6.9 %。

（4）栽培要点

适宜播期为7月10日至8月15日，种植密度1万株/亩左右，鼓粒期适施氮肥。

（5）适宜种植地区

适宜在浙江省作鲜食秋大豆种植。

9. 浙鲜85

（1）品种来源

该品种系浙江省农业科学院作物与核技术利用研究所以品系A1759为母本，以亚99009为父本杂交选育而成的鲜食秋大豆品种，审定编号浙审豆2017003。

（2）特征特性

该品种两年区试生育期平均74.3d，比对照品种短2.9d。有限结荚习性，株型收敛，株高49.5cm，主茎节11.4个，有效分枝2.0个。叶片卵圆形，紫花，灰毛，青荚淡绿色、弯镰形。单株有效荚42.9个，标准荚长5.5cm、宽1.3cm，每荚2.0粒，鲜百荚重279.0g，鲜百粒重77.8g。经南京农业大学接种鉴定，中抗大豆花叶病毒SC15、SC18株系。经农业农村部农产品及加工品质量安全监督检验测试中心（杭州）检测，淀粉含量3.5%，可溶性总糖含量2.9%。

（3）产量表现

该品种2013年参加浙江省鲜食大豆区域试验，鲜荚平均亩产652.3kg，比对照品种衢鲜1号增产3.6%，未达显著水平。2015年鲜荚平均亩产638.7kg，比对照品种增产13.4%，达极显著水平。两年区试鲜荚平均亩产645.5kg，比对照品种增产8.2%。2016年参加生产试验，鲜荚平均亩产663.7kg，比对照品种增产15.2%。

（4）栽培要点

施足基肥，鼓粒后期追施氮肥，种植密度 1.5 万株/亩，注意防治白粉病。

（5）适宜种植地区

适宜在浙江省作鲜食秋大豆种植。

10. 衢鲜 9 号

（1）品种来源

该品种系浙江省衢州市农业科学研究院、浙江龙游县五谷香种业有限公司以衢 9902 为母本，以六月半为父本杂交选育而成的鲜食秋大豆品种，审定编号浙审豆 2017004。

（2）特征特性

该品种两年区试生育期平均 79.5d，比对照品种长 2.1d。有限结荚习性，株型收敛，株高 65.1cm，主茎节 12.7 个，有效分枝 1.9 个。叶片卵圆形，紫花，灰毛，青荚绿色、弯镰形。单株有效荚 40.9 个，标准荚长 5.8cm、宽 1.5cm，每荚 1.9 粒，鲜百荚重 321.3g，鲜百粒重 80.5g。经南京农业大学接种鉴定，感大豆花叶病毒 SC15 株系，中感 SC18 株系。经农业农村部农产品及加工品质量安全监督检验测试中心（杭州）检测，淀粉含量 4.5%，可溶性总糖含量 2.8%。

（3）产量表现

该品种 2014 年参加浙江省鲜食大豆区域试验，鲜荚平均亩产 681.3kg，比对照品种衢鲜 1 号增产 3.5%，未达显著水平。2015 年鲜荚平均亩产 604.9kg，比对照品种增产 7.4%，达极显著水平。两年区试鲜荚平均亩产 643.1kg，比对照品种增产 5.3%。2016 年参加生产试验，鲜荚平均亩产 603.0kg，比对照品种增产 4.7%。

（4）栽培要点

适宜播期为 7 月中旬至 8 月上旬，种植密度 1.0 万株/亩，施足基肥，增施磷钾肥，苗期注意防治蚜虫。

（5）适宜种植地区

适宜在浙江省作鲜食秋大豆种植。

11. 衢鲜 8 号

（1）品种来源

该品种系浙江省衢州市农业科学研究院以衢 9804 为母本，以上洋豆为父本杂交选育而成的鲜食秋大豆品种，审定编号浙审豆 2019003。

（2）特征特性

该品种两年区试生育期平均 79.2d，比对照品种衢鲜 1 号长 2.5d。亚有限结荚习性，株型收敛，株高 86.0cm，主茎节 15.0 个，有效分枝 2.4 个。叶片

卵圆形，顶叶披针形，叶色浅绿，结荚性好，结荚分散，豆荚鼓粒饱满，荚型中等，镰刀形，鲜荚浅绿，茸毛灰色。单株有效荚 45.5 个，每荚 2.1 粒，鲜百荚重 302.5g，鲜百粒重 77.3g。标准荚长 5.6cm、宽 1.3cm。

（3）产量表现

该品种 2016 年区试鲜荚平均亩产 613.7kg，比对照品种衢鲜 1 号增产 4.1%，差异极显著。2017 年区试鲜荚平均亩产 638.5kg，比对照品种增产 4.3%，差异显著。两年区试鲜荚平均亩产 626.1kg，比对照品种增产 4.2%。2018 年参加生产试验，鲜荚平均亩产 673.6 kg，比对照品种增产 7.5%。

（4）栽培要点

种植密度 1.2 万株/亩左右，该品种不耐肥，注意前期控制肥力，注意防治倒伏和花叶病毒病。

（5）适宜种植地区

适宜在浙江省作鲜食秋大豆种植。

12. 浙农秋丰 2 号

（1）品种来源

该品种系浙江省农业科学院蔬菜研究所以六月青为母本，以夏丰 2008 为父本杂交选育而成的鲜食秋大豆品种，审定编号浙审豆 2020002。

（2）特征特性

该品种两年区试生育期平均 78.6d，比对照品种衢鲜 1 号长 1.2d。有限结荚习性，株型收敛，株高 70.0cm，主茎节 12.9 个，有效分枝 2.3 个。叶片卵圆形，叶色深绿，结荚密集，鲜荚绿色、弯镰刀形，荚型较大，茸毛灰色。单株有效荚 30.3 个，每荚 1.8 粒，鲜百荚重 328.7g，鲜百粒重 86.4g。标准荚长 6.0cm、宽 1.5cm。经农业农村部农产品及加工品质量安全监督检验测试中心（杭州）2017—2018 年检测，平均淀粉含量 5.1%，可溶性总糖含量 1.8%。2018 年品质品尝评分 91.5。经南京农业大学 2017—2018 年接种鉴定，大豆花叶病毒 SC15 株系最高病指 50，为中感；SC18 株系最高病指 50，为中感。经福建省农业科学院植物保护研究所 2018 年接种鉴定，炭疽病病指 13.17，为中抗。

（3）产量表现

该品种 2017 年区试鲜荚平均亩产 697.3kg，比对照品种衢鲜 1 号增产 13.9%，差异显著。2018 年区试鲜荚平均亩产 670.8kg，比对照品种增产 3.4%，差异不显著，增产点率 62.5%。两年区试鲜荚平均亩产 684.1kg，比对照品种增产 8.5%。2019 年参加生产试验，鲜荚平均亩产 841.5kg，比对照品种增产 7.6%，增产点率 85.7%。

（4）栽培要点

适宜7月中旬到8月初播种，种植密度1万株/亩左右。

（5）适宜种植地区

适宜在浙江省作鲜食秋大豆种植。

13. 浙鲜86

（1）品种来源

该品种系杭州种业集团有限公司、浙江省农业科学院作物与核技术利用研究所以萧农秋艳为母本，以南农99c－5为父本杂交选育而成的鲜食秋大豆品种，审定编号浙审豆2020003。

（2）特征特性

该品种两年区试生育期平均75.4d，比对照品种衢鲜1号短1.8d。有限结荚习性，株型收敛，株高59.6cm，主茎节12.1个，有效分枝2.5个。叶片卵圆形，荚形较直，鲜荚绿色，荚型较大，茸毛灰色。单株有效荚30.9个，每荚1.9粒，鲜百荚重344.1g，鲜百粒重84.6g。标准荚长5.9cm、宽1.4cm，标准荚率73.4%。经农业农村部农产品及加工品质量安全监督检验测试中心（杭州）2018—2019年检测，平均淀粉含量4.7%，可溶性总糖含量2.2%。品质品尝评分平均91.82。经南京农业大学2018—2019年接种鉴定，大豆花叶病毒SC15株系最高病指63，为感病；SC18株系最高病指29，为中抗。经福建省农业科学院植物保护研究所2018—2019年接种鉴定，炭疽病最高病指32.91，为中感。

（3）产量表现

该品种2018年区试鲜荚平均亩产658.6kg，比对照品种衢鲜1号增产1.5%，差异不显著，增产点率50%。2019年区试鲜荚平均亩产768.6kg，比对照品种增产5.2 %，差异极显著，增产点率71%。两年区试鲜荚平均亩产713.6kg，比对照品种增产3.5%。2019年同步生产试验鲜荚平均亩产792.3kg，比对照品种增产1.3%，增产点率57%。

（4）栽培要点

适宜7月中旬到8月初播种，种植密度1.2万株/亩左右，注意防治病毒病和根腐病。

（5）适宜种植地区

适宜在浙江省作鲜食秋大豆种植。

14. 浙农秋丰4号

（1）品种来源

该品种系浙江省农业科学院蔬菜研究所以六月白豆为母本，以乌皮青仁为父本杂交选育而成的鲜食秋大豆品种，审定编号浙审豆2020004。

（2）特征特性

该品种两年区试生育期平均 78.2d，比对照品种长 1.8d。有限结荚习性，株型收敛，株高 46.4cm，主茎节 10.4 个，有效分枝 2.1 个。叶片卵圆形偏尖，叶色深绿，结荚性好，荚型较大，鲜荚深绿色、镰刀形，饱满度好，茸毛棕色。单株有效荚 21.7 个，每荚 1.9 粒，鲜百荚重 308.4g，鲜百粒重 67.5g。标准荚长 6.2cm、宽 1.5cm。经南京农业大学 2017—2018 年接种鉴定，大豆花叶病毒 SC15 株系最高病指 50，为中感；SC18 株系最高病指 14，为抗病。经福建省农业科学院植物保护研究所 2018 年接种鉴定，炭疽病病指 9.88，为抗病。

（3）产量表现

该品种 2017 年参加耐迟播区试，鲜荚平均亩产 523.0kg，比对照品种夏丰 2008 增产 11.4%，差异不显著。2018 年区试鲜荚平均亩产 603.2kg，比对照品种增产 6.7%，差异不显著。两年区试鲜荚平均亩产 563.1kg，比对照品种增产 8.8%。2019 年参加生产试验，鲜荚平均亩产 529.8kg，比对照品种增产 11.5%，增产点率 100%。

（4）栽培要点

适宜在 8 月 20 日前播种，立秋前种植密度 1.1 万株/亩左右，立秋后适当密植，种植密度 1.3 万株/亩左右，苗期加强肥水管理促早发，注意防治病毒病。

（5）适宜种植地区

适宜在浙江省作耐迟播鲜食秋大豆种植。

15. 浙农秋丰 3 号

（1）品种来源

该品种系浙江省农业科学院蔬菜研究所以灰荚白豆为母本，以六月拔为父本杂交选育而成的鲜食秋大豆品种，审定编号浙审豆 2021002。

（2）特征特性

该品种两年区试生育期平均 79.9d，比对照品种衢鲜 1 号长 2.7d。有限结荚习性，株型收敛，株高中等，株高 63.2cm，底荚高度 12.8cm，主茎节 12.3 个，有效分枝 1.8 个。叶片较大、卵圆形，叶色淡绿，紫花，结荚多且分散，鲜荚绿色、弯镰刀形，荚型大，茸毛灰色。种皮黄色，种脐褐色。单株有效荚 27.9 个，标准荚长 6.7cm、宽 1.6cm，平均每荚 1.9 粒，鲜百荚重 400.2g，鲜百粒重 89.2g，标准荚率 70%。经农业农村部农产品及加工品质量安全监督检验测试中心（杭州）检测，平均淀粉含量 4.87%，可溶性总糖含量 2.60%。品质品尝评分平均 88.6。经南京农业大学接种鉴定，大豆花叶病毒 SC15 株系最高病指 57，为感病；SC18 株系最高病指 50，为中感。

经福建省农业科学院植物保护研究所接种鉴定，炭疽病最高病指 29.08，为中感。

（3）产量表现

该品种 2018 年区试鲜荚平均亩产 798.5kg，比对照品种衢鲜 1 号增产 9.2%，差异极显著，增产点率 85.7%。2019 年区试鲜荚平均亩产 685.7kg，比对照品种增产 5.7%，差异极显著，增产点率 75.0%。两年区试鲜荚平均亩产 742.1kg，比对照品种增产 7.6%。2020 年参加生产试验，鲜荚平均亩产 674.0kg，比对照品种增产 4.1%，增产点率 85.7%。

（4）栽培要点

适宜 7 月中旬到 8 月中旬播种，亩种植密度 1.0 万株左右，生产后期注意肥水管理，防早衰，避免连作，注意炭疽病等病害防治。

（5）适宜种植地区

适宜在浙江省作鲜食秋大豆种植。

16. 衢鲜 11 号

（1）品种来源

该品种系浙江省衢州市农业林业科学研究院、南京农业大学以南农 10-1 为母本，以南农 99-10 为父本杂交选育而成的鲜食秋大豆品种，审定编号浙审豆 2022003。

（2）特征特性

该品种两年区试生育期平均 78.2d，比对照品种衢鲜 1 号长 2.6d。亚有限结荚习性，株型收敛，株高中等，株高 59.8cm，底荚高度 8.3cm，主茎节 12.2 个，有效分枝 3.0 个。叶片较大、卵圆形，叶色淡绿，紫花，结荚多且分散，鲜荚绿色、弯镰刀形，荚型大，茸毛灰色。种皮绿色，种脐褐色。单株有效荚 31.1 个，标准荚长 6.0cm、宽 1.4cm，平均每荚 2.0 粒，鲜百荚重 340.3g，鲜百粒重 83.3g，标准荚率 61.5%。经农业农村部农产品及加工品质量安全监督检验测试中心（杭州）2019—2020 年检测，平均淀粉含量 4.7%，可溶性总糖含量 2.0%。品质品尝评分平均 87.7。经南京农业大学 2019—2020 年接种鉴定，大豆花叶病毒 SC15 株系最高病指 49，为中感；SC18 株系最高病指 34，为中抗。经福建省农业科学院植物保护研究所接种鉴定，炭疽病最高病指 57.1，为感病。

（3）产量表现

该品种 2019 年区试鲜荚平均亩产 791.9kg，比对照品种衢鲜 1 号增产 8.3%，差异极显著，增产点率 85.7%。2020 年区试鲜荚平均亩产 759.4kg，比对照品种增产 9.6%，差异极显著，增产点率 77.8%。两年区试鲜荚平均亩产 775.6kg，比对照品种增产 9.0%。2021 年参加生产试验，鲜荚平均亩产

726.4kg，比对照品种增产13.4%，增产点率83.3%。

（4）栽培要点

适宜7月中旬到8月上旬播种，种植密度1万株/亩左右，生产后期注意肥水管理，防止徒长，注意防治炭疽病等病害。

（5）适宜种植地区

适宜在浙江省作鲜食秋大豆种植。

附录一

鲜食大豆生产技术规程[①]

浙江省平湖市地方技术性规范 DJG330482/T 006—2021

前　言

本文件按照 GB/T 1.1—2020《标准化工作导则　第1部分：标准化文件的结构和起草规则》的规定起草。

请注意本文件的某些内容可能涉及专利。本文件的发布机构不承担识别专利的责任。

本文件由 DB330482/T 023—2019《鲜食大豆生产技术规程》编号变更转化而来。

本文件由平湖市农业农村局提出并归口。

本文件起草单位：平湖市农业技术推广中心。

本文件主要起草人：吴平、邵慧、潘秋波、朱春弟、褚桂生。

本文件及其所代替文件的历次版本发布情况为：

DB330482/T 023—2002、DB330482/T 023—2011、DB330482/T 023—2017、DB330482/T 023—2019。

---

① 文件来源：浙江标准在线（https：//bz.zjamr.zj.gov.cn/public/index.html）。

鲜食大豆生产技术规程

1　范围

本文件规定了鲜食大豆生产技术的产地环境、栽培措施、病虫害防治、采收及贮运要求。

本文件适用于平湖市鲜食大豆的生产。

2　规范性引用文件

下列文件中的内容通过文中的规范性引用而构成本文件必不可少的条款。其中，注日期的引用文件，仅该日期对应的版本适用于本文件；不注日期的引用文件，其最新版本（包括所有的修改单）适用于本文件。

GB/T 6543　运输包装用单瓦楞纸箱和双瓦楞纸箱

GB/T 8321（所有部分）　农药合理使用准则

NY/T 1276　农药安全使用规范总则

NY/T 5010　无公害农产品　种植业产地环境条件

3　术语和定义

本文件没有需要界定的术语和定义。

4　产地环境

应符合 NY/T 5010 的规定，且位于生态环境良好、无旱涝之忧的农业生产区域。

5　栽培措施

5.1　品种选择

早熟栽培可选择引豆 9701、9811、浙农 6 号等。中熟栽培可选择台湾 75 等。晚熟栽培可选择 6 月拔等。播前进行晒种及种子消毒。

5.2　播种

5.2.1　播种时期

保护地栽培 2 月中旬至 3 月初播种，露地栽培 3 月中旬至 7 月中旬均可播种。

5.2.2　直播

适宜密度应根据土壤肥力和耕作栽培条件等确定。每 $667m^2$ 宜栽 20 000 株左右，株行距 22cm×22cm，每 $667m^2$ 用种量 5～6kg，出苗后及时查苗，及时补播。

5.2.3　育苗

春季特早熟栽培播种时间为 2 月 10 日到月底前，采用大棚或中棚双膜覆盖播种育苗。春季一般播种时间为 3 月中下旬以后，采用小拱棚加地膜覆盖育苗，苗期 10～15d。

5.3　大田管理

5.3.1　肥料管理

基肥每 667m^2施腐熟有机肥 1 000～1 500kg、过磷酸钙 25kg、硫酸钾型复合肥 10～15kg，或复合肥 20～30kg，在生长期间可视生长情况适时追肥。幼苗期可追施生物有机肥 20kg；结荚后用 0.5%磷酸二氢钾根外追肥。

5.3.2　水分管理

播种时水分应充足，以利发芽快、出苗齐，幼苗生长健壮，但注意防止积水烂种。生育前期和开花结荚期，防止土壤过干、过湿，影响发苗和开花结荚。

5.3.3　植株调整

在鲜食大豆开花初期进行摘心处理有利于提高鲜食大豆结荚率和产量。

6　病虫害防治

6.1　主要病虫害

鲜食大豆主要病害有霜霉病、褐斑病、炭疽病、锈病、病毒病等；害虫主要有蚜虫、斜纹夜蛾、甜菜夜蛾、黄曲条跳甲、肾毒蛾、大豆食心虫、豆荚螟等。

6.2　防治方法

贯彻“预防为主、综合防治”的植保方针，根据有害生物综合治理（IPM）的基本原则，综合应用农业防治、物理防治、生物防治、化学防治，实行绿色防控。

6.2.1　农业防治

选用抗病品种、培育无病虫壮苗；采用高畦栽培和地膜覆盖；实行翻耕、轮作、倒茬，加强中耕除草，清洁田园。

6.2.2　物理防治

宜采用频振式杀虫灯、色板、昆虫性引诱剂等诱杀害虫，悬挂银灰膜（条）避蚜，设施栽培覆盖防虫网阻挡。

6.2.3　生物防治

保护与利用天敌，应用生物农药等进行生物防治。

6.2.4　化学防治

药剂选择符合 NY/T 1276、GB/T 8321（所有部分）的规定，严禁使用国家禁止使用的农药。

7　采收要求

符合品种形态特征，形态完整，成熟度适中，无病虫害伤斑。

8　贮运

可采用纸箱包装，纸箱材质符合 GB/T 6543 的要求及国家环境保护、食

品安全的相关标准和规定。临时贮藏贮存须在阴凉、通风、清洁、卫生的条件下进行，严防暴晒、雨淋、高温、冻伤、病虫害及有毒物质的污染。可采用冷库贮藏，温度保持在0～2℃，湿度85%～90%。运输可采用冷藏车，温度保持在6～8℃。

附　录　A

（资料性）

鲜食大豆主要病虫害防治推荐药剂

表 A.1　鲜食大豆主要病虫害防治推荐药剂

防治对象	防治方法
霜霉病	64%噁霜灵・锰锌可湿性粉剂 800 倍液、72%霜脲・锰锌可湿性粉剂 800 倍液等喷雾
褐斑病	75%百菌清可湿性粉剂 600 倍液、25%嘧菌酯 1 500 倍液等喷雾
炭疽病	25%嘧菌酯悬浮剂 1 200 倍液、32.5%苯甲・嘧菌酯悬浮剂 1 200 倍液、25%嘧菌酯 1 000 倍液、75%百菌清可湿性粉剂 400 倍液等喷雾
锈病	25%嘧菌酯悬浮剂 1 200 倍液、30%苯甲・丙环唑 3 000 倍液等喷雾
病毒病	2%宁南霉素水剂 300 倍喷雾
蚜虫	10%吡虫啉可湿性粉剂 1 500 倍液、1.5%苦参碱可溶液剂 1 500 倍液、10%溴氰虫酰胺可分散油悬浮剂 1 500 倍液等喷雾
夜蛾类、肾毒蛾、大豆食心虫、豆荚螟	2%甲氨基阿维菌素苯甲酸盐微乳剂 10 000 倍液、15%茚虫威悬浮剂 3 000 倍液、20%氯虫苯甲酰胺悬浮剂 6 000 倍液、25%乙基多杀菌素水分散粒剂 4 000 倍液、10%溴氰虫酰胺可分散油悬浮剂 3 000 倍液等喷雾
黄曲条跳甲	10%溴氰虫酰胺可分散油悬浮剂 2 000 倍液、10%啶虫・哒螨灵微乳剂 1 200 倍液等喷雾

附录二

夏秋鲜食大豆生产技术规程①

浙江省衢州市地方标准 DB3308/T 072—2020

前　　言

本文件按照 GB/T 1.1—2009《标准化工作导则　第 1 部分：标准的结构和编写》的规定起草。

本文件由衢州市农业农村局提出并归口。

本文件起草单位：衢州市农业科学研究院。

本文件主要起草人：雷俊、陈润兴、邵晓伟、汪寿根、许竹溦、徐建祥、李诚永、汪成法、石子建、郑洁、王俊杰、李建华、翁水珍、洪新耀。

① 文件来源：浙江标准在线（https：//bz. zjamr. zj. gov. cn/public/index. html）。

夏秋鲜食大豆生产技术规程

1 范围

本文件规定了夏秋鲜食大豆的术语和定义、产地环境、种子准备、种植、施肥管理、病虫草害防治、田间管理、采收、生产档案及生产模式等内容。

本文件适用于衢州市夏秋鲜食大豆的生产栽培管理。

2 规范性引用文件

下列文件对于本文件的应用是必不可少的。凡是注日期的引用文件，仅注日期的版本适用于本文件。凡是不注日期的引用文件，其最新版本（包括所有的修改单）适用于本文件。

GB 4404.2 粮食作物种子 第2部分：豆类

GB 5084 农田灌溉水质标准

GB/T 8321（所有部分） 农药合理使用准则

GB 15618 土壤环境质量 农用地土壤污染风险管控标准（试行）

GB/T 23416.7 蔬菜病虫害安全防治技术规范 第7部分：豆类

NY/T 496 肥料合理使用准则 通则

NY/T 5081 无公害食品 菜豆生产技术规程

3 术语和定义

下列术语和定义适用于本文件。

3.1

鲜食大豆

在豆荚鼓粒饱满，生理上处于鼓粒盛期（R6）至初熟期（R7）时采收，供新鲜加工食用的豆荚或豆粒，也称“毛豆”或“菜用大豆”。

3.2

夏季鲜食大豆

于5月上旬至6月下旬播种，8月上旬至9月下旬采收的鲜食大豆。

3.3

秋季鲜食大豆

于7月上旬至8月上旬播种，10月上旬至11月中旬采收的鲜食大豆。

3.4

延后栽培

在能正常采收鲜豆荚的情况下，通过迟播实现延后采收的栽培方法，播种在立秋以后进行，一般以不晚于8月20日为宜。

4 产地环境

选择土壤肥沃、疏松，排灌方便的田块种植鲜食大豆，产地环境应符合

GB 15618 和 GB 5084 的规定。

5　种子准备

5.1　品种选用

5.1.1　选用丰产性好、商品性优、内在品质佳、抗逆性强、适于当地栽培的，已通过审定的鲜食大豆品种。根据栽培季节和种植方式，选用不同的品种。

5.1.2　夏季鲜食大豆品种：推荐选用鼓粒期耐高温性强的品种，如晋豆39、衢鲜 3 号、浙鲜 19、夏丰 2008 等。

5.1.3　秋季鲜食大豆品种：推荐选用衢鲜 1 号、衢鲜 5 号、浙鲜 85、浙鲜 86、衢鲜 6 号、萧农秋艳等。

5.1.4　延后栽培鲜食大豆品种：推荐选用鼓粒期耐低温性强的品种，如衢鲜 5 号、衢鲜 6 号、萧农秋艳等。

5.2　种子

种子质量应符合 GB 4404.2 的要求。根据种植密度和种子粒重、发芽等情况，每 667m^2准备种子 4.0～7.5kg。

6　夏季鲜食大豆种植

6.1　田块准备

6.1.1　田块应尽量避免连作，减少病虫害危害。

6.1.2　深翻，按畦宽 90cm（或 130cm）、沟宽和沟深各 30cm 作畦，平整畦面，开好排水沟。

6.2　播种

6.2.1　采用直播栽培，视天气情况（避免大雨前播种），于 5 月上旬至 6 月下旬播种。

6.2.2　播种时，若土壤过干，应在雨后或灌水湿润后播种。

6.3　种植密度

畦宽 90cm 种植 2 行，畦宽 130cm 种植 3 行，穴距 30cm 左右，每穴播种 3～4 粒。齐苗后及时间苗，一般间苗后每穴留 2 株，每 667m^2有效苗约 0.9 万株。

7　秋季鲜食大豆种植

7.1　田块准备

同 6.1。

7.2　播种

于 7 月上旬至 8 月上旬播种，延后栽培于立秋后播种，但最迟不宜晚于 8 月 20 日。

7.3　种植密度

7.3.1　畦宽 90cm 种植 2 行，畦宽 130cm 种植 3 行。

7.3.2　常规栽培穴距 25～30cm，每穴播种 3～4 粒，间苗后每穴留 2 株，每 667m^2有效苗约 1.0 万株。

7.3.3　延后栽培穴距 23～25cm，每穴播种 4～5 粒，间苗后每穴留 3 株，每 667m^2有效苗约 1.3 万株。

8　施肥管理

8.1　肥料施用要求

肥料施用应符合 NY/T 496 规定要求。

8.2　大田基肥

8.2.1　夏季鲜食大豆栽培

大田播种前 5～7d，每 667m^2 施腐熟饼肥 50～75kg 或商品有机肥 200～300kg，复合肥 20～30kg，深翻入土，肥土混匀。

8.2.2　秋季鲜食大豆栽培

同 8.2.1。

8.3　苗肥

8.3.1　夏季鲜食大豆栽培

定苗后，每 667m^2施尿素 4～5kg。

8.3.2　秋季鲜食大豆栽培

参照 8.3.1 施肥。延后栽培于定苗后半个月左右，每 667m^2 追施复合肥 7.5～10kg。

8.4　花荚肥

8.4.1　夏季鲜食大豆栽培

初花前结合病虫防治，可选用叶面肥进行叶面喷施。初荚期每 667m^2施复合肥 5～10kg。

8.4.2　秋季鲜食大豆栽培

参照 8.4.1 施肥。延后栽培于采收前 10～15d 每 667m^2 追施尿素 7～8kg。

9　病虫草害防治

9.1　防治原则

预防为主，综合治理。

9.2　农业防治

9.2.1　冬季深翻土地，灌水杀灭部分蛹和幼虫。

9.2.2　合理轮作，提倡与水稻进行轮作。

9.2.3　控制田间杂草，及时拔除病株、摘除病叶，并集中处理。

9.3　物理防治

田间投放配有性信息素的专用干式诱捕器诱杀斜纹夜蛾、甜菜夜蛾等，视诱杀虫量及时清理专用瓶。

9.4　生物防治

合理保护促增寄生蜂、瓢虫、捕食螨、食蚜蝇、草铃、猎蝽、白僵菌等有益生物，充分发挥自然控制害虫的作用；推广应用生物农药。

9.5　化学防治

化学防治应符合 GB/T 8321（所有部分）和 GB/T 23416.7 的规定。

9.6　推荐病虫草害防治方法

常见病虫草害防治推荐农药配方等详见附录 A。

10　田间管理

10.1　水分管理

10.1.1　排水降湿

大豆不耐淹，遇田间积水要及时清沟排水，降低田间湿度。

10.1.2　浇水抗旱

遇连续干旱天气，应浇水抗旱。于早晨或傍晚喷灌或灌半沟水，待畦面湿润后排干水。浇灌用水应符合 GB 5084 的规定。

10.1.3　保湿鼓粒

在鼓粒期保持土壤一定的湿度，视天气间歇喷灌或灌半沟水，待畦面湿润后排干水。

10.2　防止徒长

对生长过旺的田块，喷施植物生长调节剂。每 667m^2 用 10%多唑・甲哌鎓可湿性粉剂 65～80g 进行叶面喷雾。

11　采收

在鼓粒后期，植株 80%以上豆荚饱满、荚色翠绿时采收为宜。直接从豆株上摘下饱满豆荚，用塑料网袋包装上市销售。豆荚农残检测及包装、运输参照 NY/T 5081 执行。

12　生产档案

12.1　记录内容

生产档案应包括以下内容：

a）产地环境和土壤肥力；

b）农用物资的采购和使用；

c）田间管理等农事操作；

d）灾害性天气的发生及损失；

e）主要病虫草害防治；

f） 主要生育进程；

g） 主要经济性状及产量效益等。

12.2 档案保存

生产档案应保存 2 年以上。

13 生产模式

生产模式见附录 B。

附　录　A
(资料性附录)
夏秋鲜食大豆常见病虫草害防治方法

表 A.1　夏秋鲜食大豆常见病虫草害防治方法

常见病虫草害	防治方法
杂草	1. 对杂草较多田块，于播种前5～7d可用20%草铵膦水剂200倍液进行喷雾防治 2. 播种后进行土壤封闭除草，每667m² 用72%异丙甲草胺100ml兑水40～50kg细喷雾畦面 3. 在2～4复叶期，以单子叶杂草为主的田块，每667m² 用10%精喹禾灵50～70ml兑水30kg喷施；以阔叶草为主的田块，每667m² 用25%氟磺胺草醚10～30ml兑水30kg喷施
地下害虫	每667m² 用4%二嗪磷2～3kg撒施，或出苗后每667m² 用5%高效氯氰氰菊酯100ml兑水30kg喷雾
蜗牛	每百株豆苗有20只蜗牛成贝时，每667m² 用6%四聚乙醛颗粒剂500～600g撒施
蚜虫	有蚜株率达35%或百株蚜量达500头时，用10%吡虫啉可湿性粉剂，或5%啶虫脒可湿性粉剂2 000倍液进行喷雾防治
大豆食心虫、豆荚螟	在结荚初期，每667m² 选用20%氯虫苯甲酰胺悬浮剂6～10ml，或斜纹夜蛾多角体病毒50～75ml进行喷雾防治
豆秆黑潜蝇	在大豆第1复叶期前，每667m² 可用70%灭蝇胺水分散粒剂15～20g，或1.8%阿维菌素乳油3 000倍液进行喷雾防治
斜纹夜蛾、甜菜夜蛾	1. 采用糖醋诱杀，按白糖：米醋：白酒：90%敌百虫晶体：水＝2：2：0.5：0.5：5的比例配成诱液诱杀成虫，每盆诱液层深3～5cm，每667m² 放置1～2盆，高出植株20～30cm，及时补充诱液，捞除液面死虫、杂物 2. 每667m² 用配有斜纹夜蛾、甜菜夜蛾性信息素的专用干式诱捕器各1个，诱杀斜纹夜蛾、甜菜夜蛾，两种诱捕器间隔10m以上 3. 合理保护促增天敌，用核型多角体病毒制剂等生物农药防治夜蛾低龄幼虫 4. 在幼虫2龄前，于傍晚使用针对性农药喷雾，实行农药轮换交替使用。可选用10%虫螨腈悬浮剂1 000倍液，或15%茚虫威悬浮剂3 000倍液，或5%甲维盐乳油1 500倍液进行喷雾防治
病毒病	苗期做好蚜虫防治工作；在发病初期，可用20%吗啉胍·乙酸铜可湿性粉剂800倍液，或0.5%香菇多糖水剂600倍液喷雾2～3次
立枯病	1. 避免连作，实行轮作，避免在低洼地种植大豆，或做高畦降低土壤湿度 2. 发病初期，用30%噁霉灵水剂600～800倍液进行苗期喷雾或灌根

（续）

常见病虫草害	防治方法
根腐病	1. 增加土壤透气性，增施有机肥 2. 每100kg种子可选用62.5%精甲·咯菌腈300～400ml拌种 3. 用64%杀毒矾可湿性粉剂800～1 000倍液，或68%甲霜锰锌可湿性粉剂800～1 000倍液，或25%甲霜灵可湿性粉剂800～1 000倍液进行喷雾防治
枯萎病	1. 实行水旱轮作，减少积水 2. 发病初期，用10%苯醚甲环唑可湿性粉剂1 000～1 500倍液，或40%氟硅唑乳油8 000倍液，或25%嘧菌酯1 500倍液进行喷雾防治
白粉病	在发病初期，以发病中心为重点，用15%三唑酮可湿性粉剂1 000～1 500倍液，或50%啶酰菌胺水分散粒剂1 200倍液，或50%醚菌酯水分散粒剂2 000倍液喷雾，每隔7d施药1次，连喷3次
霜霉病	发病初期，可用80%代森锰锌可湿性粉剂600倍液，或72%霜脲·锰锌可湿性粉剂600倍液进行喷雾防治，间隔7d再施药1～2次
炭疽病	在大豆开花后，发病初期每667m^{2}喷施45%咪鲜胺可湿性粉剂1 000倍液，或30%苯甲·吡唑酯悬浮剂20～30g，每隔10d施药1次，视病情连喷2～3次

附　录　B

（规范性附录）

鲜食大豆标准化生产技术模式

表 B.1　鲜食大豆标准化生产技术模式

<table>
<tr><td>大豆类型</td><td>夏季鲜食大豆</td><td>秋季鲜食大豆</td><td>延后栽培</td></tr>
<tr><td>品种选用</td><td>晋豆 39、衢鲜 3 号、浙鲜 19、夏丰 2008</td><td>衢鲜 1 号、衢鲜 5 号、浙鲜 85、浙鲜 86、衢鲜 6 号、萧农秋艳</td><td>衢鲜 5 号、衢鲜 6 号、萧农秋艳</td></tr>
<tr><td>播期</td><td>5 月上旬至 6 月下旬</td><td>7 月上旬至 8 月上旬</td><td>立秋后，但不宜晚于 8 月 20 日</td></tr>
<tr><td>密度</td><td>畦宽 90cm 种植 2 行，畦宽 130cm 种植 3 行，穴距 30cm 左右，每穴播种 3～4 粒。齐苗后及时间苗，一般间苗后每穴留 2 株，每 667m^2 有效苗约 0.9 万株</td><td>畦宽 90cm 种植 2 行，穴距 25～30cm，每穴播种 3～4 粒，间苗后每穴留 2 株，每 667m^2 有效苗约 1.0 万株</td><td>畦宽 90cm 种植 2 行，畦宽 130cm 种植 3 行。穴距 23～25cm，每穴播种 4～5 粒，间苗后每穴留 3 株，每 667m^2 有效苗约 1.3 万株</td></tr>
<tr><td>施肥</td><td>1. 播前 5～7d，每 667m^2 施腐熟饼肥 50～75kg 或商品有机肥 200～300kg，复合肥 20～30kg
2. 定苗后，每 667m^2 施尿素 4～5kg
3. 初花前结合病虫防治，可选用叶面肥进行叶面喷施；初荚期每 667m^2 施复合肥 5～10kg</td><td colspan="2">1. 播前 5～7d，每 667m^2 施腐熟饼肥 50～75kg 或商品有机肥 200～300kg，复合肥 20～30kg
2. 定苗后，每 667m^2 施尿素 4～5kg；延后栽培于定苗后半个月左右，每 667m^2 追施复合肥 7.5～10kg
3. 初花前结合病虫防治，可选用叶面肥进行叶面喷施；初荚期每 667m^2 施复合肥 5～10kg；延后栽培于采收前 10～15d 追施尿素 7～8kg</td></tr>
<tr><td>其他管理</td><td colspan="3">1. 及时清沟排水，降低田间湿度
2. 在幼苗期、鼓粒期遇干旱天气应浇水抗旱，于早晨或傍晚灌半沟水，待畦面湿润后排干水
3. 对生长过旺的田块，每 667m^2 用 10%多唑·甲哌鎓可湿性粉剂 25g 兑水 40～50kg 叶面喷雾</td></tr>
<tr><td>采收</td><td colspan="3">鼓粒后期，植株 80%以上豆荚饱满、荚色翠绿时采收豆荚</td></tr>
</table>

附录三

鲜食春大豆高产栽培技术规程[①]

浙江省嘉兴市地方标准 DB3304/T 079—2021

前　　言

本文件按照 GB/T 1.1—2020《标准化工作导则　第 1 部分：标准化文件的结构和起草规则》的规定起草。

请注意本文件的某些内容可能涉及专利。本文件的发布机构不承担识别专利的责任。

本文件由嘉兴市农业农村局提出并归口。

本文件起草单位：嘉兴市农渔技术推广站、浙江省农业科学院、嘉兴市南湖区农渔技术推广站、嘉善县种子服务站、海盐县农业技术推广中心。

本文件主要起草人：章永根、傅旭军、张敏、朱丹华、戴文华、姚云峰、沈足金、王斌、张海鹏、范文俊、李育、徐锡虎、苏明法、钱泉生、邬培生。

① 文件来源：浙江标准在线（https：//bz. zjamr. zj. gov. cn/public/index. html）。

鲜食春大豆高产栽培技术规程

1　范围

本文件规定了鲜食春大豆高产栽培技术的产地环境、种子、栽培、采摘、生产档案等技术要求。

本文件适用于鲜食春大豆的高产栽培。

2　规范性引用文件

下列文件中的内容通过文中的规范性引用而构成本文件必不可少的条款。其中，注日期的引用文件，仅该日期对应的版本适用于本文件；不注日期的引用文件，其最新版本（包括所有的修改单）适用于本文件。

GB 2763—2021　食品安全国家标准　食品中农药最大残留限量

GB 4404.2　粮食作物种子　第 2 部分：豆类

GB 5084　农田灌溉水质标准

GB/T 8321（所有部分）　农药合理使用准则

GB 15618　土壤环境质量　农用地土壤污染风险管控标准（试行）

NY/T 496　肥料合理使用准则　通则

NY/T 798—2015　复合微生物肥料

NY/T 1276　农药安全使用规范总则

NY/T 5010　无公害农产品　种植业产地环境条件

3　术语和定义

下列术语和定义适用于本文件。

3.1

鲜食大豆　fresh soybean

在大豆鼓粒中后期以鲜荚收获作蔬菜或加工的大豆，也称“毛豆”或“菜用大豆”。

3.2

鲜食春大豆　fresh spring soybean

在 5 月上旬前播种的鲜食大豆。

3.3

高产栽培　high yield cultivation

每 666.7m^2 鲜荚产量 900kg 以上。

4　产地环境

应符合 NY/T 5010 的规定。

5 种子

5.1 质量要求

采用北繁种子，质量应符合 GB 4404.2 的要求。

5.2 品种选用

选择通过国家或浙江省审定，或通过浙江省引种备案的丰产性好、抗逆力强、适于当地栽培的中熟或迟熟鲜食春大豆品种。

6 栽培

6.1 前作与田块选择

选择土壤肥沃、疏松，排灌良好的田块，前作为水稻等非豆科类作物，水旱轮作。土壤环境应符合 GB 15618 的要求。

6.2 大田整理

6.2.1 秸秆处理

前作收割后，秸秆还田的，年前采用旋耕机全田翻耕，秸秆入土；秸秆离田，全田不翻耕。

6.2.2 开沟作畦

年前用开沟机按畦宽 0.8m、沟宽 0.2m、沟深 0.3m 开沟作畦，畦面微弓形。

6.3 基肥

6.3.1 在 2 月中下旬每 666.7m^2施腐熟有机肥 800～1 000kg。

6.3.2 播种前每 666.7m^2施三元复合肥（N15%-P15%-K15%）25kg 作基肥。

6.4 播种

6.4.1 种子处理

播前种子在通风处晾晒 2～3h，不可暴晒，晒种时种子不应直接与混凝土场地接触。种子用多福＋苗菌敌按使用说明拌种。

6.4.2 播种时间及要求

3 月中旬抢晴直播，播种深度 3～5cm，盖土或覆松土，避免露籽。根据种植密度和种子百粒重、发芽率，每 666.7m^2用种量为 4.5～6.5kg。

6.5 密植

采用宽行密株播种，连沟畦宽 1m，每畦播 2 行，行距 0.45～0.50m，穴距 0.20～0.25m，每穴播 2～3 粒，每 666.7m^2成苗数 1.50 万～1.60 万株、有效株 1.40 万～1.50 万株。

出苗后及时疏密补缺，确保单位面积有效株数。

6.6 杂草、病虫害防治

6.6.1 除草

播种后 4d 内施乙草胺喷雾封草（按说明使用）。

6.6.2 病虫害防治

6.6.2.1 鲜食大豆主要病害有病毒病、褐斑病、炭疽病、锈病等；害虫主要有地老虎、蚜虫、烟粉虱、夜蛾、豆荚螟等。

6.6.2.2 应用绿色防控技术，采用性诱剂诱杀、生物农药及其他对口农药防治病虫害。

6.6.2.3 农药使用应符合 GB/T 8321（所有部分）、NY/T 1276 的规定。

6.7 施肥

6.7.1 苗肥

苗期每 666.7m^2施三元复合肥（N15%- P15%- K15%）10kg。

6.7.2 花荚肥

花期每 666.7m^2施三元复合肥（N15%- P15%- K15%）10kg。结荚期每666.7m^2施三元复合肥（N15%- P15%- K15%）20kg。鼓粒期每 666.7m^2施尿素（N46%）15kg。

6.7.3 肥料使用应符合 NY/T 496 的规定。

6.7.4 复合微生物肥

6.7.4.1 质量指标应符合 NY/T 798—2015 的要求。有效活菌以枯草芽孢杆菌为主，包括光合菌、硝化菌、溶磷解钾菌、放线菌、木霉菌和乳酸杆菌等；有效活菌数每毫升在 2 亿以上。

6.7.4.2 使用时间与次数：第一次在大豆齐苗至始花前使用。第二次在大豆植株终花后至鼓粒期使用。

6.7.4.3 使用量及浓度：每 666.7m^2每次用量 500ml，稀释 200～300倍，淋洒于根部土壤。

6.7.4.4 复合微生物肥使用注意事项参见附录 A。

6.8 水分管理

清理沟渠，保持排灌畅通，在苗期、花期、结荚期、鼓粒期等保持田面湿润。灌溉水质应符合 GB 5084 的规定。

7 采摘

全株 85%以上的豆荚鼓粒饱满、荚色翠绿时采收。质量应符合 GB 2763—2021 的规定。

8 生产档案

8.1 田间生产记录，包括田间准备至鲜豆荚收获全过程，具体包括：

a） 种子、品种、播种、主要生育期（出苗、始花、终花、鼓粒、采收等）；

b） 肥料、农药，成分、品种（名称）、使用时间、用量、次数等；

c） 主要经济性状、产量等；

d） 病虫草害发生、特殊天气状况等。

8.2 生产档案保存 3 年以上。

9 模式图

鲜食春大豆高产栽培技术模式图见附录 B。

附　录　A

（资料性）

复合微生物肥使用注意事项

A.1　使用时温度要求在15℃以上，保持土壤湿润。

A.2　复合微生物肥不能与杀菌剂同时使用，间隔期为5～7d。

A.3　复合微生物肥不能与石灰类等碱性物质同时使用。

A.4　杀虫剂、除草剂对复合微生物肥使用效果有影响，不建议同时使用。

A.5　开花期不能使用复合微生物肥。

A.6　复合微生物肥质量指标应符合NY/T 798—2015的要求。

附　录　B
（资料性）
鲜食春大豆高产栽培技术模式

表 B.1　鲜食春大豆高产栽培技术模式

<table>
<tr><td>品种选择</td><td colspan="8">通过国家或浙江省审定，或通过浙江省引种备案的丰产性好、抗逆力强、适于当地栽培的中熟或迟熟鲜食春大豆品种</td></tr>
<tr><td>种子质量</td><td colspan="8">采用北繁高活力种子，质量应符合 GB 4404.2—2010 的要求</td></tr>
<tr><td rowspan="3">物候期</td><td>12 月至翌年 2 月</td><td>3 月上旬</td><td colspan="2">3 月中旬至 4 月下旬</td><td colspan="3">5 月上旬至 6 月中旬</td><td>6 月下旬至 7 月初</td></tr>
<tr><td>播前准备</td><td>播种</td><td>出苗</td><td>苗期</td><td>花期</td><td>结荚期</td><td>鼓粒期</td><td>收获</td></tr>
<tr><td> 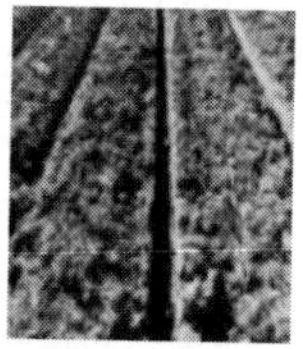</td><td> </td><td> </td><td> </td><td> </td><td> </td><td> </td><td> </td></tr>
<tr><td rowspan="2">主要生产操作要点</td><td rowspan="2">1. 晚稻收割后，秸秆还田的，年前采用旋耕机全田翻耕，确保秸秆埋入土中。若秸秆离田，则全田可不翻耕。其他秸秆类同上处理
2. 年前用开沟机开沟作畦，畦面微弓形
3. 在 2 月中下旬每 666.7m² 施腐熟有机肥800～1 000kg。播种前施三元复合肥 25kg 作基肥</td><td rowspan="2">1. 播前种子在通风处晾晒 2～3h，种子不可暴晒，晒种时避免种子直接与混凝土场地接触
2. 种子用多福+苗菌敌按使用标准拌种
3. 3 月中旬抢晴直播，播种深度控制在 3～5cm，盖土或覆松土</td><td rowspan="2">1. 播种后 4d 内施乙草胺喷雾封草
2. 出苗后及时疏密补缺</td><td>1. 苗期每 666.7m² 施三元复合肥 10kg
2. 施复合微生物肥，每 666.7m² 用量 500ml，稀释 200～300 倍，淋洒于根部土壤
3. 防治地老虎、蚜虫</td><td>开花期每 666.7m² 施三元复合肥 10kg</td><td>1. 结荚期每 666.7m² 施三元复合肥 20kg
2. 施复合微生物肥，每 666.7m² 用量 500ml，稀释 200～300 倍，淋洒于根部土壤
3. 防治蚜虫、病毒病、褐斑病、炭疽病</td><td>鼓粒期每 666.7m² 施尿素 15kg</td><td rowspan="2">全株 85%以上的豆荚鼓粒饱满、荚色翠绿时采收</td></tr>
<tr><td colspan="4">在苗期、花期、结荚期、鼓粒期保持田面湿润，以脚踩踏不粘鞋为宜；雨天要及时清沟排水，干旱时在早晨或傍晚上水至沟平，畦面湿润后及时排除</td></tr>
</table>

附录四

早稻—鲜食秋大豆水旱轮作模式生产技术规程①

浙江省衢州市地方标准 DB3308/T 109—2022

前　言

本文件按照 GB/T 1.1—2020《标准化工作导则　第 1 部分：标准化文件的结构和起草规则》的规定起草。

请注意本文件的某些内容可能涉及专利。本文件的发布机构不承担识别专利的责任。

本文件由衢州市农业农村局提出并归口。

本文件起草单位：衢州市农业技术推广中心、龙游县种植业发展中心、龙游县耕地质量与肥料管理站、龙游涵萱家庭农场有限公司。

本文件主要起草人：王宏航、李诚永、袁敏良、陈宏伟、李韵、徐南昌、江德权、徐有祥、王亚茹、王俊杰、张勇、李建忠、莫小荣、李正泉、周成丽、陈锦鹏、夏英、李建辉、周元鸿、易建群、王晓东、占菁。

① 文件来源：浙江标准在线（https：//bz. zjamr. zj. gov. cn/public/index. html）。

早稻—鲜食秋大豆水旱轮作模式生产技术规程

1　范围

本文件规定了早稻—鲜食秋大豆水旱轮作模式的相关术语和定义、基本要求、茬口衔接、早稻生产、鲜食秋大豆生产、生产档案等。

本文件适用于早稻—鲜食秋大豆水旱轮作模式生产。

2　规范性引用文件

下列文件中的内容通过文中的规范性引用而构成本文件必不可少的条款。其中，注日期的引用文件，仅该日期对应的版本适用于本文件；不注日期的引用文件，其最新版本（包括所有的修改单）适用于本文件。

GB 4404.1　粮食作物种子　第1部分：禾谷类

GB 4404.2　粮食作物种子　第2部分：豆类

GB 5084　农田灌溉水质标准

GB 15618　土壤环境质量　农用地土壤污染风险管控标准（试行）

NY/T 496　肥料合理使用准则　通则

NY/T 1276　农药安全使用规范总则

NY/T 3245　水稻叠盘出苗育秧技术规程

NY/T 5117　无公害食品　水稻生产技术规程

DB3308/T 051　水稻病虫草害绿色防控技术规范

DB3308/T 072　夏秋鲜食大豆生产技术规程

3　术语和定义

下列定义和术语适用于本文件。

3.1

早稻

3月中旬至4月中旬播种，7月中下旬成熟的水稻。

3.2

鲜食秋大豆

7月下旬至8月中旬播种，于鼓粒盛期（R6）至初熟期（R7）采收鲜荚的大豆，也称“秋毛豆”。

3.3

早稻—鲜食秋大豆水旱轮作模式

早稻收获后种植鲜食秋大豆的一种农作制度。

4　基本要求

4.1　产地环境

产地环境应符合GB 15618的要求。灌溉水质应符合GB 5084的要求。

4.2　气象条件

早稻3—4月日平均温度连续3d稳定超过12℃后播种；鲜食秋大豆9—10月开花结荚期平均气温≥15℃。

4.3　品种选择

早稻选择丰产性好、抗逆性强的中迟熟品种，种子质量应符合GB 4404.1的规定；鲜食秋大豆选择丰产性好、商品性优、食味佳、抗逆性强的品种，种子质量应符合GB 4404.2的规定。

4.4　肥料使用

应符合NY/T 496的规定。

4.5　农药使用

应符合NY/T 1276的规定。

4.6　有害生物控制

应符合NY/T 5117的规定。

5　茬口衔接

早稻成熟后及时收割，鲜食秋大豆于7月下旬至8月20日间播种。

6　早稻生产

6.1　播种时间

6.1.1　直播

4月上中旬日平均温度连续3d稳定超过15℃后播种。

6.1.2　育秧

3月份日平均温度连续3d稳定超过12℃后播种，采用设施保温育秧，按NY/T 3245执行；4月上中旬日平均温度连续3d稳定超过15℃后播种，可采用露地育秧。

6.2　大田整理

平整大田，做到高不露墩、低不淹苗。耕整时间依土质而定，沙质土提前1～2d，壤土提前2～3d，黏土提前3～4d。开好排水沟。

6.3　肥水管理

6.3.1　施肥

化肥纯N用量10～12kg/667m^2，基蘖肥∶穗肥＝6∶4；配施P、K肥，N∶P_2O5∶K_2O＝1∶0.6∶1.2。

6.3.2　水分

苗数达目标有效穗80％左右时第1次搒田，后视苗情多次搁田；收获前7～10d断水。

6.4　病虫草害绿色防控

按DB3308/T 051执行。主要病虫草害防控见附录A、附录B。

6.5　收割

谷粒成熟度达到85%以上后及时收割。

7　鲜食秋大豆生产

7.1　播前准备

7.1.1　种子处理

根据种植密度和种子质量情况，每667m²准备种子4.0～7.5kg。播前晒1～2d后药剂拌种。

7.1.2　大田整理

早稻收获后，及时翻耕、开沟作畦。畦宽80cm、沟宽25cm、沟深30cm。

7.2　播种

7.2.1　播种时间

7月下旬至8月20日。

7.2.2　种植密度

每畦种植2行，每穴播3～4粒，播种深度3～4cm，盖土2～3cm。8月15日前穴距25～30cm，每667m²有效苗1.0万～1.2万株；8月15日后穴距15～20cm，每667m²有效苗1.3万～1.5万株。

7.3　田间管理

7.3.1　施肥

施足基肥、早施苗肥、重施花荚肥、补施鼓粒肥，适时喷施硼、钼肥，具体见附录B。

7.3.2　水分

播种时，如土壤干旱，播前3d灌水湿润后播种；幼苗期保持畦面湿润；苗期应适当控制水分；分枝后旱灌涝排，保持土壤湿润。

7.3.3　病虫草害绿色防控

按DB3308/T 072执行，主要病虫草害防控见附录A、附录B。

7.3.4　生长调节剂应用

对生长过旺的田块，喷施植物生长调节剂。每667m²用10%多效唑·甲哌鎓可湿性粉剂65～80g进行叶面喷雾。

7.4　及时采收

植株85%以上豆荚饱满、鲜绿时采收。早晨或傍晚采收为宜。

8　生产档案

8.1　记录内容

生产档案应包括以下内容：

a)　产地环境和土壤肥力；

b)　农用物资的采购和使用；

c） 田间管理等农事操作；

d） 灾害性天气的发生及损失；

e） 主要病虫草害防治；

f） 主要生育进程；

g） 主要经济性状及产量效益等。

8.2 档案保存

生产档案应保存 2 年以上。

9 生产模式图

生产模式图见附录 B。

附　录　A
（规范性）
早稻—鲜食秋大豆主要病虫草害及常用农药安全使用技术

表 A.1　早稻—鲜食秋大豆主要病虫草害及常用农药安全使用技术

作物	病虫害草	有效成分	主要剂型	推荐用药量（制剂量/667m²）	每季最多使用次数	安全间隔期/d
早稻	稻田杂草	氰氟草酯	10%水乳剂	60～70ml（茎叶喷雾）	1	/
		五氟磺草胺	25g/L 可分散油悬浮剂	40～80ml（茎叶喷雾）	1	/
		苄嘧·丙草胺	20%可湿性粉剂	100～125ml（土壤喷雾）	1	/
	恶苗病	氰烯菌酯	25%悬浮剂	2 000～3 000 倍（浸种）	1	/
		咪鲜胺	25%乳油	1 500～2 000 倍（浸种）	1	/
	立枯病	噁霉灵	30%水剂	3 001.5～4 002g	3	/
	稻飞虱	烯啶·吡蚜酮	80%水分散粒剂	5～10g	2	30
		三氟苯嘧啶	10%悬浮剂	10～16ml	1	21
	二化螟	氯虫苯甲酰胺	5%悬浮剂	30～40ml	2	28
		阿维·氯苯酰	6%悬浮剂	40～50ml	2	21
		阿维·甲虫肼	10%悬浮剂	80～100ml	2	45
	稻纵卷叶螟	氯虫苯甲酰胺	5%悬浮剂	20～40ml	2	28
		阿维·氯苯酰	6%悬浮剂	40～50ml	2	21
		乙多·甲氧虫	34%悬浮剂	20～24ml	1	21
	纹枯病	肟菌·戊唑醇	75%水分散粒剂	10～15g	2	28
		噻呋酰胺	240g/L 悬浮剂	18～23ml	1	14
		苯甲·嘧菌酯	32.5%悬浮剂	30～40ml	3	28
	稻瘟病	三环唑	75%可湿性粉剂	20～27g	2	21
		稻瘟灵	40%乳油	100～120ml	3	14
		春雷霉素	2%水剂	80～100ml	3	21
	白叶枯病	噻唑锌	40%悬浮剂	50～75ml	3	21
		噻菌铜	20%悬浮剂	100～130g	3	15

（续）

作物	病虫害草	有效成分	主要剂型	推荐用药量（制剂量/667m²）	每季最多使用次数	安全间隔期/d
鲜食秋大豆	杂草	精吡氟禾草灵	15%乳油	50～80ml	1	/
		氟磺胺草醚	20%乳油	60～70ml	1	/
	地下害虫	联苯·噻虫胺	2%颗粒剂	1 800～2 250g	1	/
	蚜虫	啶虫脒	5%可湿性粉剂	18～30g	2	7
		高氯·吡虫啉	4%乳油	30～40g	2	30
	豆荚螟	氯虫苯甲酰胺	200g/L悬浮剂	6～12ml	2	7
		氯虫·高氯氟	微囊悬浮剂	15～20ml	2	20
	豆秆黑潜蝇	灭蝇胺	70%水分散粒剂	20～25g	/	5
	甜菜夜蛾或斜纹夜蛾	阿维·虫螨腈	20%悬浮剂	15～20ml	2	10
		印楝素	1%水分散粒剂	50～60ml	/	/
		斜纹夜蛾核型多角体病毒	20亿PIB/毫升悬浮剂	25～75ml	/	/
	炭疽病、白粉病	吡唑醚菌酯	250g/L乳油	30～40ml	2	21
		醚菌酯	250g/L乳油	40～60ml	3	14
		代森锰锌	75%水分散粒剂	100～133g	3	28
	霜霉疫病	烯酰·嘧菌酯	80%水分散粒剂	30～45g	2	3
	立枯病、猝倒病、根腐病	噁霉灵	30%水分散粒剂	1 200～1 500倍	3	/

附　录　B

（资料性）

早稻—鲜食秋大豆轮作标准化生产模式

表 B.1　早稻—鲜食秋大豆轮作标准化生产模式

<table>
<tr><td colspan="2">群体产量与结构指标</td><td>月份</td><td>3月至4月上旬</td><td>4月下旬</td></tr>
<tr><td>目标产量</td><td>早稻：600kg/667m²
鲜食秋大豆：800kg/667m²</td><td rowspan="2">物候期</td><td>早稻播种期 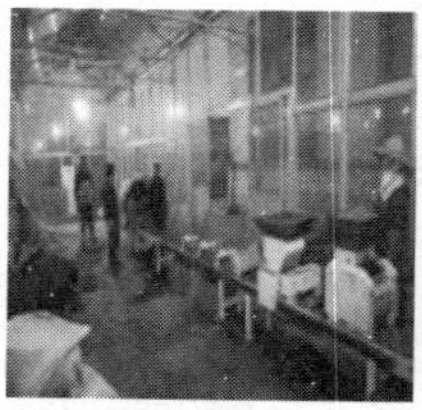   </td><td>早稻移栽期  </td></tr>
<tr><td>场地选择</td><td>应选择生态条件良好，无污染源或污染物含量在允许范围之内的农业生产区域</td><td></td><td></td></tr>
<tr><td>场地环境</td><td>产地环境应符合 GB 15618 的要求。灌溉水质应符合 GB 5084 的要求。早稻 3—4 月日平均温度连续 3d 稳定超过 12℃后播种；鲜食秋大豆 9—10 月为开花结荚期，平均气温≥15℃</td><td>主要生产操作要点</td><td>1. 品种选择。选择中偏迟常规早稻品种，要求高产、优质，适合贮存、加工，如中早 39、中嘉早 17、中组 53、株两优 831 等中迟熟品种。种子质量应符合 GB 4404.1 的规定
2. 播前准备。（1）晒种 1～2d，并做好种子浸种、消毒和催芽。（2）整田应做到高不露墩、低不淹苗。耕整时间依土质而定，沙质土提前 1～2d，壤土提前 2～3d，黏土提前 3～4d。开好排水沟
3. 适期播种。（1）机插早稻于 3 月中旬至 4 月上旬播种，采用早稻专用基质育秧流水线播种，叠盘暗出苗，塑料薄膜小拱棚育秧管理，保证 7 月底前成熟。具体播种期根据天气情况而定。常规早稻每盘播种量 100～120g，杂交早稻每盘播种量 70～90g。经叠盘暗出苗后摆入秧田。（2）直播早稻于 4 月上中旬播种，每 667m² 播 4～5kg</td><td>1. 整平大田。做到高不露墩、低不淹苗。耕整时间依土质而定，沙质土提前 1～2d，壤土提前 2～3d，黏土提前 3～4d。开好排水沟
2. 适时移栽。4 月中、下旬，日平均气温稳定超过 15℃、早稻秧苗达到 3 叶 1 心时，就可以机插
3. 机插密度。667m² 插 1.7 万～2 万丛，每丛 3～4 株
4. 水分管理。机插时，保持田间瓜皮水。活棵后，灌浅水，进行追肥
5. 施肥。整田前，667m² 施入 30～40kg 45%水稻专用肥作基肥。提倡 667m² 一次性施入 48%缓释（N∶P_2O_5∶K_2O＝26∶10∶12）40kg</td></tr>
</table>

（续）

<table>
<tr><td colspan="2">群体产量与结构指标</td><td>月份</td><td>5 月中旬至 7 月下旬</td><td>7 月底至 8 月中旬</td></tr>
<tr><td rowspan="2">目标产量</td><td rowspan="2">早稻：600kg/667m²
鲜食秋大豆：800kg/667m²</td><td rowspan="3">物候期</td><td>早稻生长期</td><td>秋大豆播种期</td></tr>
<tr><td rowspan="2">
</td><td rowspan="2">
</td></tr>
<tr><td>场地选择</td><td>应选择生态条件良好，无污染源或污染物含量在允许范围之内的农业生产区域</td></tr>
<tr><td>场地环境</td><td>产地环境应符合 GB 15618 的要求。灌溉水质应符合 GB 5084 的要求。早稻 3—4 月日平均温度连续 3d 稳定超过 12℃后播种；鲜食秋大豆 9—10 月为开花结荚期，平均气温 ≥15℃</td><td>主要生产操作要点</td><td>1. 追肥。（1）机插田：追肥在机插后 5～7d、秧苗活棵后，667m² 施入尿素 12.5～15kg＋氯化钾 10kg。（2）直播田：2 叶 1 心复水后，667m² 用尿素 5kg 作断奶肥；4 叶 1 心时，667m² 用 45%三元复合肥 20kg 作分蘖肥。（3）基肥施缓释肥的不需追肥
2. 水分管理。（1）直播田：2 叶 1 心前保持畦面湿润，若畦面过干可灌跑马水，2 叶 1 心后复水。以后采取湿润灌溉，即薄水勤灌，做到“后水不见前水”。（2）机插田：秧苗活棵后采取湿润灌溉
3. 病虫草害综合防治。（1）除草：采用“两封一补”除草技术。（2）病虫害综合防治：在 3 月初提前翻耕、灌深水灭杀越冬代二化螟蛹的基础上，采取性诱剂诱杀，田埂留草、种花，有利寄生蜂繁殖，可以控制二化螟的为害，是一种绿色防控措施。要根据病虫监测预报采取防治措施，适时防治</td><td>1. 品种选择。选择丰产性好、商品性优、食味佳、抗逆性强的品种，如萧农秋艳、浙鲜 86、衢鲜 5 号、浙农秋丰 2 号等
2. 播前准备。（1）播种前，先要整平大田、开好沟，土壤含水量保持在 60%～70%。采取晒垡（过湿）、灌水（过干）至土壤中部土不粘手再播种。开沟做畦前施足基肥，每 667m² 施 15kg 45%复合肥（N：P_2O_5：K_2O=15：15：15）。（2）选籽粒饱满的种子，并晒 1～2d；然后选择对口种衣剂拌种，防地下害虫和地上的蚜虫、夜蛾、豆秆黑潜蝇以及立枯病、根腐病。⑶播种不宜太浅，深度保持 3～4cm，盖土厚 1～2cm
3. 适时播种，合理密植。畦宽 80cm、沟宽 25cm、沟深 30cm。每畦种植 2 行，每穴播 3～4 粒，播种深度 3～4cm，盖土 2～3cm。8 月 15 日前穴距 25～30cm，每 667m² 有效苗 1.0 万～1.2 万株；8 月 15 日后穴距 15～20cm，每 667m² 有效苗 1.3 万～1.5 万株
4. 及时除草</td></tr>
</table>

（续）

群体产量与结构指标		月份	8月下旬	9月初	9月上旬至9月底	9月中旬至11月中旬
目标产量	早稻：600kg/667m² 鲜食秋大豆：800kg/667m²	物候期	秋大豆苗期 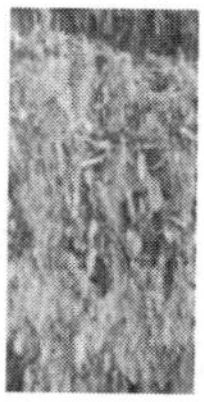	秋大豆分枝期 	秋大豆花期 	秋大豆鼓粒期 
场地选择	应选择生态条件良好，无污染源或污染物含量在允许范围之内的农业生产区域		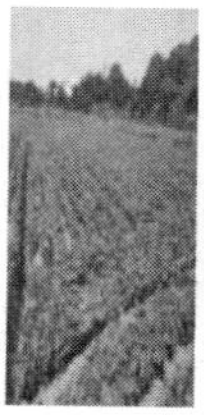			
场地环境	产地环境应符合GB 15618的要求。灌溉水质应符合GB 5084的要求。早稻3—4月日平均温度连续3d稳定超过12℃后播种；鲜食秋大豆9—10月为开花结荚期，平均气温≥15℃	主要生产操作要点	1. 科学管水。做好清沟排水，土壤含水量保持在40%～50%，土壤中部土能手捏成团、落地即散，促使根系下扎 2. 防好病虫草害。选择针对性药剂，做好立枯病、根腐病、蚜虫、跳甲和杂草的防治工作 3. 酌情施苗肥。针对迟播的豆苗或基肥不足的田块，第1张复叶展开后，视苗情667m²施15～20kg高氮硫基或低氯复合肥，或10kg氮钾肥提苗	1. 科学管水。掌握旱灌涝排原则，保持畦面湿润 2. 防好病虫草害。选择针对性药剂，做好霜霉疫病和蚜虫、跳甲、豆秆黑潜蝇、草地贪夜蛾、斜纹夜蛾、甜菜夜蛾等的防治工作 3. 喷施生长调节剂。结合病虫害防治，喷施1次芸薹素和硼肥	1. 科学管水。掌握旱灌涝排原则，保持畦面湿润 2. 施好花肥。对没有施用缓释肥的田块，初花时每667m²施20～25kg 45%三元素硫基复合肥（15：10：20） 3. 防好病虫草害。选择针对性药剂，于初花期、终花期做好霜霉疫病、叶斑病、锈病、炭疽病和蚜虫、豆荚螟、豆秆黑潜蝇、草地贪夜蛾、斜纹夜蛾、甜菜夜蛾等防治工作 4. 喷施生长调节剂和钼肥。对生长过旺的田块，于初花期，每667m²用10%多效唑·甲哌鎓可湿性粉剂65～80g，兑水50kg，进行叶面喷雾。可以结合病虫害防治和喷施钼肥一起进行	1. 科学管水。掌握旱灌涝排原则，保持畦面湿润，沟底保有水层 2. 酌情施鼓粒肥。鼓粒期（采摘前20d）以根外追肥为主，可结合病虫防治喷施0.2%～0.3%磷酸二氢钾+1%～2%尿素溶液；缺肥田施5～7.5kg/667m²尿素 3. 防好病虫草害。选择针对性药剂，于幼荚形成期，做好霜霉疫病、叶斑病、锈病、炭疽病和蚜虫、豆荚螟、豆秆黑潜蝇、草地贪夜蛾、斜纹夜蛾、甜菜夜蛾等防治工作 4. 及时采收。植株85%以上豆荚饱满、鲜绿时采收。早晨或傍晚采收为宜

图书在版编目（CIP）数据

浙江省鲜食大豆栽培技术及品种介绍 / 雷俊，袁凤杰，郁晓敏主编．—北京：中国农业出版社，2023.6
ISBN 978-7-109-30854-1

Ⅰ．①浙…　Ⅱ．①雷…　②袁…　③郁…　Ⅲ．①大豆－栽培技术－浙江　Ⅳ．①S565.1

中国国家版本馆 CIP 数据核字（2023）第 118432 号

中国农业出版社出版
地址：北京市朝阳区麦子店街 18 号楼
邮编：100125
责任编辑：李昕昱　　文字编辑：孙蕴琪
版式设计：李向向　　责任校对：吴丽婷
印刷：三河市国英印务有限公司
版次：2023 年 6 月第 1 版
印次：2023 年 6 月河北第 1 次印刷
发行：新华书店北京发行所
开本：700mm×1000mm　1/16
印张：6.25
字数：120 千字
定价：38.00 元